見方・かき方 高圧受電設備接続図

改訂2版

福田真一郎 [編著]

編著者　福田真一郎（株式会社東芝，1章，付録）
著　者　福本　剛司（株式会社東芝，2章）
　　　　末吉　　暁（株式会社東芝，3章）
　　　　木田　　聡（株式会社東芝，4章）
　　　　竹井　義博（株式会社東芝，5章）
　　　　小川　公也（株式会社東芝，6章）
　　　　　　　　（著者執筆順，所属は執筆時）

本書を発行するにあたって，内容に誤りのないようできる限りの注意を払いましたが，本書の内容を適用した結果生じたこと，また，適用できなかった結果について，著者，出版社とも一切の責任を負いませんのでご了承ください．

本書は，「著作権法」によって，著作権等の権利が保護されている著作物です．本書の複製権・翻訳権・上映権・譲渡権・公衆送信権（送信可能化権を含む）は著作権者が保有しています．本書の全部または一部につき，無断で転載，複写複製，電子的装置への入力等をされると，著作権等の権利侵害となる場合があります．また，代行業者等の第三者によるスキャンやデジタル化は，たとえ個人や家庭内での利用であっても著作権法上認められておりませんので，ご注意ください．

本書の無断複写は，著作権法上の制限事項を除き，禁じられています．本書の複写複製を希望される場合は，そのつど事前に下記へ連絡して許諾を得てください．

(社)出版者著作権管理機構
（電話 03-3513-6969，FAX 03-3513-6979，e-mail: info@jcopy.or.jp）

JCOPY ＜(社)出版者著作権管理機構 委託出版物＞

Preface はしがき

　電気エネルギーは高度化・多様化するICT社会を支え，現代社会の発展のために必要不可欠なものとして，安定かつ効率的な供給が求められています．一方，電気は大変便利な反面，電気の扱い方を誤ると危険な側面をもっているので，電気の利用に際しては安全対策や保護対策などに注意が必要であることは言うまでもなく，これらを扱う電気技術者にとっては幅広い実務知識と，最新の技術動向の修得が求められています．

　実際に高圧受電設備の設計や施工を進める場合，「電気設備技術基準」，「電気設備技術基準の解釈」，「高圧受電設備規程」などにより基本的な事項を決めていくことになりますが，これらの基準・規程には高圧受電設備以外の内容も数多く記載されており，その他の工学図書なども高圧受電設備を対象としたものは少なく，高圧受電設備を取り扱う電気技術者に役立つ技術書が求められていました．

　本書は高圧受電設備の設計，施工，保全管理に携わる方々に，高圧受電設備を計画・設計・施工するうえで最も基本的な設計図書である単線接続図を中心に，機器構成や各種接続図の見方・かき方を現場の実務に即した平易な内容でまとめています．

　各種の接続図を通して高圧受電設備をより深く理解いただくことを主眼に，初級技術者の実務入門書として，また電気工事施工管理技士，第一種電気工事士のサブテキストとして活用いただけるよう執筆したもので，高圧受電設備に係わる必要事項やデータを抽出してあり，本書があれば大抵のことがわかるように配慮しています．

　本書は，設計のために必要な接続図を書くための基本的知識，施工，保全管理に当たって必要な接続図の見方・かき方を修得することを目的にしており，具体的な施工，保全管理の実務技術については他の技術書に委ね，接続図に表されている基本的事項や関係のある技術事項を中心に，図や写真などで解説しています．

　また，本書では解説文に関係ある重要用語，最近のトピックス，各種法規・指針，関連知識などを側注やコラムの形式で簡潔に解説していますので，高圧受電設備についての技術解説書としても役立つ豊富な内容となっています．

　本書が，新たに高圧受電設備の計画，設計，施工，保全管理に携わる電気技術者として実務につかれる方々に，また，すでに電気技術者として実務につかれご活躍の方々には応用面で，いささかでもお役に立てれば幸いです．

　最後に，本書は，2005年3月の発行以来，多くの方にご愛読いただいてきました．

はしがき

　この間，機器や技術の進展，法制度の変更，新エネルギーの普及など，高圧受電設備を取り巻く環境も大きく変化しました．このような背景から，2015年2月の今般，掲載内容の追加・見直しを行い，改訂2版として発行する運びとなりました．改訂に当たり，先輩諸氏が発表された多くの文献，資料を参照させていただいたこと，また，各種規格，指針などを引用させていただいたことに対し，ここに厚く謝意を表す次第です．

　また，本書の出版に際し，一方ならぬお世話をいただいたオーム社の方々，いろいろご指導いただいた先輩諸兄に心より御礼申し上げます．

　2015年2月

福田　真一郎

Contents 目次

1章 高圧受電設備の構成

- 1.1 高圧受電設備の対象範囲と基本計画 …………………………… 2
- 1.2 単線接続図の構成 …………………………………………………… 4
- 1.3 断路器・負荷開閉器 ………………………………………………… 6
- 1.4 遮断器 ………………………………………………………………… 8
- 1.5 変圧器 ………………………………………………………………… 10
- 1.6 進相コンデンサ・直列リアクトル ………………………………… 12
- 1.7 避雷器 ………………………………………………………………… 14
- 1.8 電力需給用計器用変成器 …………………………………………… 15
- 1.9 計器用変成器 ………………………………………………………… 16
- 1.10 電力ヒューズ ………………………………………………………… 18
- 1.11 高・低圧電磁接触器 ………………………………………………… 19
- 1.12 計器 …………………………………………………………………… 20
- 1.13 保護継電器 …………………………………………………………… 23
- 1.14 非常用発電設備 ……………………………………………………… 25

2章 構成機器の選定方法

- 2.1 高圧開閉器（断路器，区分開閉器）……………………………… 28
- 2.2 高圧遮断器 …………………………………………………………… 30
- 2.3 負荷開閉器，限流ヒューズ ………………………………………… 32
- 2.4 電磁接触器（高圧，低圧）………………………………………… 36
- 2.5 変圧器 ………………………………………………………………… 39
- 2.6 進相コンデンサ・直列リアクトル ………………………………… 41
- 2.7 避雷器 ………………………………………………………………… 43
- 2.8 計器用変圧器 ………………………………………………………… 44
- 2.9 変流器 ………………………………………………………………… 45
- 2.10 保護継電器 …………………………………………………………… 47

目　次

 2.11　配線用遮断器 …………………………………………………………… 49
 2.12　非常用発電設備 ………………………………………………………… 51

3章　単線接続図の構成

 3.1　単線接続図のかき方 ……………………………………………………… 56
 3.2　引込部の単線接続図 ……………………………………………………… 58
 3.3　受電部の単線接続図 ……………………………………………………… 60
 3.4　配電部の単線接続図 ……………………………………………………… 62
 3.5　系統連系時の単線接続図 ………………………………………………… 68
 3.6　接　地 ……………………………………………………………………… 70

4章　単線接続図から3線接続図への変換

 4.1　単線接続図と3線接続図の相違 ………………………………………… 74
 4.2　受電部の単線接続図から3線接続図への変換 ………………………… 76
 4.3　母線部の単線接続図から3線接続図への変換 ………………………… 80
 4.4　高圧配電部の単線接続図から3線接続図への変換 …………………… 82
 4.5　変圧器部の単線接続図から3線接続図への変換 ……………………… 84
 4.6　高圧コンデンサ部の単線接続図から3線接続図への変換 …………… 88
 4.7　変圧器二次部，低圧配電部の単線接続図から3線接続図への変換 … 91
 4.8　展開接続図の見方・かき方 ……………………………………………… 93

5章　各種接続図の応用

 5.1　電圧変動対策を図った接続図 …………………………………………… 100
 5.2　力率改善を図った接続図 ………………………………………………… 103
 5.3　高調波対策を図った接続図 ……………………………………………… 105
 5.4　システムの簡略化を図った接続図 ……………………………………… 107
 5.5　信頼性および保全性向上を図った接続図 ……………………………… 109
 5.6　非常用発電装置を設置した接続図 ……………………………………… 111
 5.7　分散電源設備を設置した場合の接続図 ………………………………… 113

6章 高圧受電設備の保安と管理

- 6.1 保守と管理の必要性 …………………………………………………… 118
- 6.2 保守点検の分類 ………………………………………………………… 120
- 6.3 必要な安全用具と測定試験器 ………………………………………… 122
- 6.4 接地抵抗測定 …………………………………………………………… 124
- 6.5 絶縁抵抗測定 …………………………………………………………… 127
- 6.6 絶縁耐力試験 …………………………………………………………… 130
- 6.7 保護継電器の動作特性試験 …………………………………………… 132
- 6.8 計器用変成器の極性試験 ……………………………………………… 134

付録

- 付録1 各種単線接続図例 ………………………………………………… 138
- 付録2 単線接続図に必要な文字記号・図記号・器具番号 …………… 144
- 付録3 単位 ………………………………………………………………… 152
- 付録4 受電設備機器に関連する規格 …………………………………… 154
- 付録5 高圧受電設備の施設における基本事項 ………………………… 159
- 付録6 保安規程 …………………………………………………………… 161

参考文献 …………………………………………………………………… 167

索引 ………………………………………………………………………… 169

1章

高圧受電設備の構成

　高圧受電設備は，需要家設備の中で最も多く施設されており，電気設備を扱う電気技術者にとっては大変重要な設備の一つである．

　単線接続図は高圧受電設備を計画・設計する場合の基本となるもので，電力の配分・供給を簡潔に表した設計図書である．高圧受電設備を取り扱う技術者にとっては必須のものであり，設備の信頼性，安全性，経済性などに直接関わっている．

　ここでは，高圧受電設備の対象，単線接続図の目的，基本的考え方，主要機器の基本的知識について説明する．

1.1 高圧受電設備の対象範囲と基本計画

高圧受電設備の対象範囲

受電設備の機能
負荷設備に必要な電力を安定に供給するとともに，過負荷，短絡，地絡などの電気事故には迅速にその故障箇所を開放し，損害を最小限にとどめる

快適な生活環境の維持や工場・プラントの生産活動にとって，電気の利用は必要不可欠なものとなっており，産業経済の発展にともない，電気設備容量がますます増加している．

電力会社から供給される電力は，使用される規模に応じて 6.6 kV 以上の電圧で需要場所に送電され，これらの送電電圧を身近な電気設備である照明や動力負荷に適した 100 V や 200 V の電圧に降圧して使用している．

電力会社の各発電所で発電した電力は，**図 1・1** に示されるような**送配電線**を経由して需要家へ送電されており，中でも，6.6 kV で受電する高圧受電設備は自家用電気工作物全体の 90％以上を占めている．

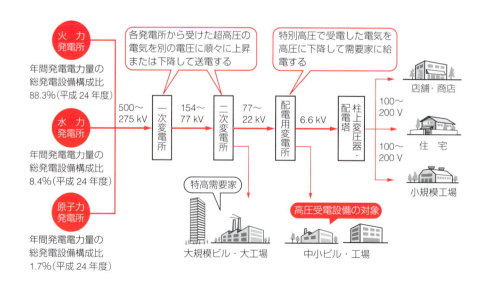

図 1・1　高圧受電設備の対象範囲

高圧受電設備の基本計画

高圧受電設備を計画する場合，建物の規模（延べ床面積，階数など），用途，立地条件，設備の重要度，要求条件などを念頭に**基本計画**をまとめる．

高圧受電設備の標準的な計画フローチャートは**図1・2**に示すような手順となる．この計画手順は比較的規模の大きな設備を計画する場合のものであるが，実際の計画では内容を取捨選択して適用することになる．

受電設備を構成する機器の電気的接続関係，全体的な設備内容，電力の配分や供給方法について簡潔に表したものが**単線接続図**（スケルトン・ダイヤグラム）で，受電設備機器個々の知識のほか，電力供給の配電系統から負荷設備の知識までが求められる．

単線接続図は高圧受電設備の計画・設計には必須のものであり，信頼性・安全性・運用性・保守点検性・経済性などに影響するため，きわめて重要なものである．

フローチャート
システム設計やソフト作成の段階で，作業や処理の手順を，処理・判定記号と流れを示す矢印などを使って示したもの

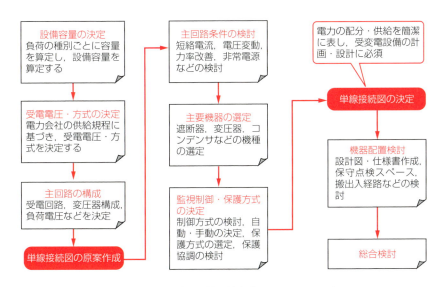

図1・2　高圧受電設備の基本計画フローチャート

1.2 単線接続図の構成

高圧受電設備と単線接続図

図記号とは
電気回路を表すときに，電気機器の形をそのまま描くのは困難なため，誰が見ても同じ意味にとれるよう約束したもので，JIS（日本工業規格）で決められている

高圧受電設備は電力会社の高圧配電線から分岐して，変圧器で100 Vや200 Vに降圧し，照明や動力の電源とする設備である．このような高圧受電設備を構成するには，単に必要容量の変圧器を設ければよいわけでなく，**負荷設備の種類，規模，受電設備の形態，周囲環境，需要家の業種**などから検討する必要がある．

このような観点から構成された高圧受電設備機器の電気的接続関係や全体的な設備構成内容を，系統立てて簡潔に表示するものが単線接続図である．

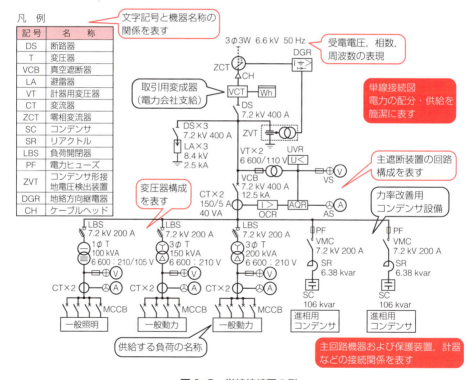

図1・3 単線接続図の例

1.2 ●単線接続図の構成

高圧受電設備を**図1・3**のような単線接続図に示すためには，受電設備の各機器の知識はもちろん，電力系統から負荷設備までの知識が必要となる．

基本的な考え方

電圧の区分（高圧と特別高圧）
電気設備技術基準（以下，電技とする）では，交流600V以下，直流750V以下を低圧，交流600V，直流750Vを超え7 000V以下を高圧，7 000Vを超えるものを特別高圧と区分している

一般に，電気は貯蔵することが困難なことから，発電と消費が同時に行われる．このような電気の特性上，単線接続図を設計するにあたっては，経済性を考慮した安全で信頼性の高い，電力供給の安定した構成とすることを念頭に置き，基本的には以下のようなことを配慮する必要がある．**図1・4**に基本的な考え方を示す．

① 電気設備の点検や増設が容易にできる．
② 変圧器などの電気機器が故障したとき，安全に保護する．
③ 雷などの異常電圧の侵入に対して，電気設備を保護する．
④ 負荷力率が悪い場合，力率改善設備を設置する．
⑤ 保守管理上，必要な箇所に電気量の計測装置を設ける．
⑥ 電圧変動や運用面を配慮した機器の構成とする．
⑦ 停電などに備えて予備電源を準備する．

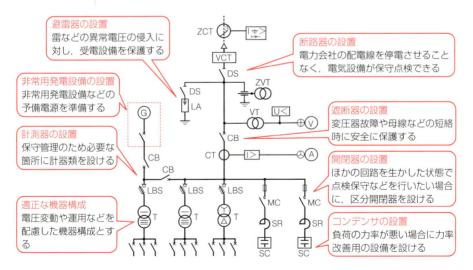

図1・4　単線接続図の基本的な考え方

1.3 断路器・負荷開閉器

断　路　器

開閉器の種類
開閉器は機能・用途別に，断路器，負荷開閉器，電磁接触器，遮断器，電力ヒューズなどの種類がある

断路器は単に充電された電路を分離したり，接続を断つことを目的としており，**無負荷状態で安全に電路を開閉できるものである**．単に**充電された電路**とは，ブッシング，母線，接続線，非常に短いケーブルの充電電流，計器用変成器などの微小電流が接続された回路のことである．

断路器は，負荷電流や故障電流を開閉する機能のある開閉器と異なり，「電圧の開閉機能」のみで負荷電流の開閉はできない．**図 1・5** に断路器の外観を示す．

変圧器や遮断器などの機器の保守・点検時に系統から切り離したり，常用・予備の切換え，母線の区分など無負荷状態で開閉するものである．

> 断路器の操作は，フック棒操作方式と遠方手動操作方式がある．
> 断路器の種類には，単極単投形と三極単投形がある．負荷電流を開閉しないよう関連する遮断器とのインタロックなどを設ける必要がある．

電源側端子　支持がいし　操作レバー

負荷側端子

（a）断路器の外観　　　（b）断路器の図記号

図 1・5　断路器

負 荷 開 閉 器

負荷開閉器は変圧器などの機器の開閉操作など，負荷電流の開閉はできるが，過負荷・短絡などの異常時の保護機能はない．

図 1・6 のように断路器の機能に電流開閉機能を付加したもので，電力ヒューズと組み合わせて短絡保護を行い，遮断器に近い機能を

1.3 ●断路器・負荷開閉器

手動操作方式
手動操作方式には，フック棒を用いて開閉する方式と操作機構を介して，手元のハンドルで操作する遠方手動操作方式がある

もたせることもできる．負荷開閉器はほとんどが手動操作である．

受電設備が小容量な場合，遮断器の代わりに設置できるので経済的であり，開極状態が目視できるので保守点検が容易，小型軽量でスペースの縮小化が図れるなどの特長がある．

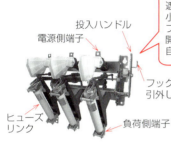

キュービクル式高圧受電設備の受電容量 300 kVA 以下の主遮断装置や変圧器，コンデンサなどの開閉装置に用いられる．小電流遮断やヒューズ溶断による欠相に対して，自動トリップ機構（ストライカ引外し）により，開路する機能もある．開路は速断式で人力に関係なく開路性能が一定，閉路すると自動的にロックされ，自然開放を防止する．

（a）ヒューズ付高圧負荷開閉器の外観　　（b）負荷開閉器の図記号

図 1・6　負荷開閉器

> **COLUMN**
>
> ### 断路器と遮断器のインタロック
>
> 　電流の開閉ができない断路器では，電流を開閉しないように関連する遮断器との間にインタロックが必要である．遠方手動操作方式の断路器では，手動操作器にインタロックマグネットを設け，インタロックマグネットの無励磁，励磁によって，断路器の操作装置を施錠，解錠する機能を設けてある．これにより，関連の遮断器が「切」のとき操作が可能で，また，断路器操作中は関連する遮断器が投入できないようインタロックを設ける．構造的に単純なフック棒操作方式では，開閉操作が人為的な確認によって行われるため，誤操作の危険があるので，断路器は遠方手動操作方式とすることが望ましい．

1.4 遮断器

高圧遮断器

真空中の耐電圧性能
気体の圧力が低くなると放電電圧が高くなる性質（パッシェンの法則）を利用したもので,10^{-3} Torr (1 Torr ≒ 133.3 Pa) 以下の高真空であれば所定の耐電圧値が得られ,性能が満足される

遮断器は常時の電流の開閉はもちろんのこと,**短絡電流や地絡電流を迅速に遮断する機能をもっている**. 主として**回路保護用**に用いられ,事故の拡大を防ぐとともに需要家内部の機器の損傷を最小限にとどめ,他需要家への事故波及を防止する役目を担っている.

遮断器には構造や動作原理によって多くの種類があるが,高圧遮断器では,使用する消弧媒質によって,**真空遮断器**（真空中で消弧する）,**ガス遮断器**（SF_6ガスなどの不活性ガスを消弧媒質とする）,**油入遮断器**（絶縁油を消弧媒質とする）,**磁気遮断器**（電磁力でアークを消弧する）などがある. 現在では,**図1・7**に示す遮断性に優れ,小型軽量の真空遮断器が広く使われている.

真空バルブの中に電極を封入し,真空を消弧媒質として,電極間に生じるアークを高速度で拡散消滅させる.
遮断器の遮断電流は設置箇所の短絡電流に見合う容量のものを選定する.
真空遮断器は絶縁性に優れており,電極の離隔距離を小さくできるので,小型軽量である.

（a）真空遮断器の外観

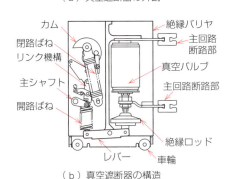

（b）真空遮断器の構造　　　（c）遮断器の図記号

図1・7　真空遮断器

1.4 遮　断　器

配線用遮断器

配線用遮断器の種類
用途別では，一般配線用，モータ保護用，分電盤・制御盤用，家庭用などがあり，動作原理別では，熱動-電磁，電磁-電磁，静止形がある

配線用遮断器は負荷電流，故障電流の開閉ができる低圧回路用の遮断器で，回路に定格電流を超える過電流（過負荷や短絡）が流れると，**反限時特性**（電流の大きさにより動作時間が変化する特性，電流が大きいと動作時間が短くなる）と**瞬時特性**（設定値以上の電流が流れると瞬時に動作する特性）をもって**自動遮断**する．

一般には熱動-電磁式過電流引外し機構が使われ，バイメタルと電磁コイルにより回路に流れる電流を検出して動作時間を変化させる．

配線用遮断器の一種で，低圧回路に地絡事故が発生したとき，地絡電流を検出して自動遮断する機能をもつ漏電遮断器もある．

投入・遮断をする開閉機構，過電流を検出・遮断する引外し装置，アークを消弧する消弧室などが絶縁物でつくられたモールドケースに収納されている．
ハンドルはオンの位置とオフの位置のほか，事故電流を遮断したときはオンとオフの中間位置となる．

（a）配線用遮断器の外観　　　　　　（b）配線用遮断器の図記号

図 1・8　配線用遮断器

COLUMN

カスケード遮断方式

図 1・9 のような回路において，下位の遮断器単独では A 点の短絡事故に対して，遮断電流が不足ではあるが，上位にある電源側の遮断器のバックアップにより，これを補って遮断する方式．電気設備技術基準の解釈（以下，電技解釈とする）第 33 条では，低圧電路において配線用遮断器を設置した箇所を通過する最大短絡電流が 10 000 A を超える場合に，この方式を認めている．

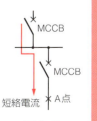

図 1・9

1.5 変圧器

変圧器の種類と構造

変圧器の動作原理
変圧器の鉄心に巻かれた巻線に，交流電圧を印加したときに作用する鉄心の磁束変化を，誘導作用により，もう一方の巻線に電圧を誘起する

変圧器は受電または配電された電圧を建物内の各機器に適した電圧に変換する装置で，通信機器用から発変電所用まであらゆる分野に使用されている．

高圧受電設備に使用される変圧器は，鉄心とコイルをタンク内に収め絶縁耐力に優れた絶縁油を絶縁媒体とした油入変圧器が主流であるが，エポキシ系の合成樹脂で高圧巻線と低圧巻線を絶縁したモールド変圧器が防災性や小型軽量の面から公共性の高いビル・デパート・ホテル・病院・劇場などに広く用いられている．

変圧器の損失は，大別すると，負荷に関係なく発生する**無負荷損**（**鉄損**）と，負荷電流とともに増加する**負荷損**（**銅損**）に分けられる．

> 巻線を合成樹脂で絶縁処理し，小型軽量で難燃性，耐湿性，耐じん性に優れた防災形変圧器．
> モールドコイル表面は充電部分なので，活線状態では触れてはならない．
> 変圧器への入力電圧は変圧器の定格電圧と同じとは限らないので，変圧器一次側にタップを設け，入力電圧に応じてタップを選んで，二次電圧を所定の値となるようにする．

> 油入変圧器は低電圧から高電圧まで広範囲に対応が可能で，信頼性が高く安価であるが，内部故障時燃焼爆発の危険があるので，防火対策が必要である．

> 変圧器の結線は図中に記入する．

（a）モールド変圧器の外観

（b）油入変圧器の外観

（c）変圧器の図記号

図1・10 変圧器

変圧器の容量・結線

変圧器は電力（エネルギー）の発生装置でなく変換装置であり，**変圧器の容量は電圧と電流の積で決まる**．

1.5 変圧器

トップランナー変圧器
トップランナー変圧器とは，国がエネルギーの使用の合理化に関する法律などに基づいて定めた高効率の変圧器である．鉄心などの磁性材量の改良により，現在多く使われている旧JIS（JIS C 4304-1999 および JIS C 4306-1999）品と比較して約50％の損失が低減されている

変圧器の定格容量は定格一次電圧，定格周波数，定格力率において，変圧器の二次端子で使用できる皮相電力のことで，変圧器の定格力率は一般に100％である．変圧器の標準定格容量は規格（JIS，JEC（電気学会電気規格調査会標準規格））に定められている．

変圧器は単相，三相の区別があり，各種の結線方法があるため，実際の回路に接続する場合や並行運転する場合は，各種結線の特徴を十分理解して使用する必要がある．三相変圧器には三角（△），星形（Y）などの結線があり，使用回路や用途によって，一次巻線と二次巻線の結線が同じとは限らない．

COLUMN

変圧器の結線

高圧受電設備で用いられる三相変圧器の結線には三角結線や星形結線が，単相変圧器としては2次結線が中間口出しのある単相3線式が一般に用いられる．このほか，特殊な結線として三相-二相変換を行うスコット変圧器，変圧器二次側の星形結線の各相から中間接続点を引き出した三相7線式変圧器，二次側三角結線の各相に中間口出しのある内接三角形，少なくとも二つの巻線が相互に共通な部分を有する単巻変圧器などの結線がある．これらの結線を**表1・1**に示す．

表1・1　変圧器の結線と標準容量

	結線の名称	結線の記号 高圧	結線の記号 低圧		結線の名称	結線の記号 高圧	結線の記号 低圧
単相	単相3線式	U V	u o v	三相	スコット結線	⊥	⊥
三相	星形－三角形	Y	△		三相7線式	△	☆
	三角形－三角形	△	△		内接三角形	△	△
	三角形－星形	△	Y		単巻変圧器	1次 2次	

1.6 進相コンデンサ・直列リアクトル

進相コンデンサ

静電容量
静電容量を大きくするには,電極間隔を小さく,電極面積を大きく,誘電率を大きくする必要がある.
静電容量＝誘電率×電極面積÷電極間距離

進相コンデンサには進み電流が流れるので,回路に接続すると**負荷の遅れ無効電流を相殺でき,皮相電力を有効に利用できる**特性をもっている.そのため,高圧受電設備では主として**力率改善**用として設けられ,電気料金の低減,変圧器および配電線内の損失低減が図られる.コンデンサは対向電極とこれを互いに絶縁する誘電体(絶縁紙)で構成されており,その絶縁方式により油入コンデンサと乾式コンデンサに大別される.

進相コンデンサは**図1・11**のような外観であるが,中身は多数のコンデンサが直並列に接続され,ある静電容量をもつコンデンサにまとめられている.

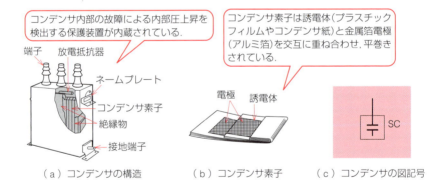

（a）コンデンサの構造　　（b）コンデンサ素子　　（c）コンデンサの図記号

図1・11　コンデンサ

直列リアクトル

直列リアクトルは,系統の電圧ひずみを抑制して波形を改善したり,コンデンサ投入時の突入電流を抑制するために用いられる.**コンデンサは高調波に対してインピーダンスが小さい**ため,高調波が流入し電圧ひずみを拡大させるので,コンデンサ設備が誘導性になるように,通常6％のリアクトルを使用する.

1.6 進相コンデンサ・直列リアクトル

力率改善のメリット

進相コンデンサにより力率改善を行うと，電力料金の割引，系統の有効電力供給力の増加，電力損失の低減，電圧降下の低減などのメリットが得られる．

また，リアクトルなしコンデンサ設備では**数十倍の大きな突入電流が流れる**ため，開閉器にダメージを与えたり，過大な電圧を発生させたりするので，**リアクトルを直列に挿入し，数倍程度に低減させる**．

現在のコンデンサの規格（JIS C 4902）では，直列リアクトルの挿入を前提として，各機器の定格が定められている．

また，最大許容電流および第5調波許容電流の見直しも行われ，許容電流種別ⅠおよびⅡが規定された．許容電流種別Ⅱは，主として，高圧配電系統に直接接続するコンデンサ設備に適用する旨が示されている．

> 高調波対策で標準容量の6％以上とする場合は，コンデンサの端子電圧が上昇するので定格電圧に注意が必要である．
> リアクトルは一般に空げき鉄心のため，過電流時の磁気飽和によるリアクタンス低下を避ける必要があり，鉄心の磁束密度は変圧器よりも低い．

（a）直列リアクトルの外観（油入式）

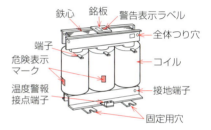

（b）モールドリアクトルの構造

（c）直列リアクトルの図記号

図1・12　リアクトル

COLUMN

有効電力と無効電力

三相回路において，負荷電圧 E，負荷電流 I，位相差 θ としたとき，有効電力 P は $P=\sqrt{3}EI\cos\theta$ で与えられ，負荷の抵抗分に消費される電力で〔kW〕で表される．また，このときの負荷電圧と負荷電流の積 $\sqrt{3}EI$ を皮相電力といい，〔kVA〕で表される．$\cos\theta$ はそのときの力率である．

無効電力 Q は $Q=\sqrt{3}EI\sin\theta$ で与えられ，負荷のリアクタンスに起因した電力で，誘導性負荷では遅れの無効電力となる．

1.7 避雷器

避雷器の役割

続流
避雷器に高電圧が印加されてギャップが放電すると，周囲がイオン化されて雷がなくなっても電流が流れ続ける現象

避雷器は落雷などで高圧受電設備に侵入してくる異常電圧や，開閉器（遮断器や断路器）を開閉したときに発生する開閉サージなどの過電圧を抑制して，**機器の絶縁破壊を防ぐために用いられる**．

避雷器には，通常の対地電圧では放電しない放電ギャップと，大きな電流が流れると抵抗値が低下する非直線性の抵抗体である特性要素から構成される**ギャップ付避雷器**と，常規対地電圧に対しても数〜数十 μA 程度の電流となる酸化亜鉛（ZnO）を特性要素に用いた，**ギャップレス避雷器**がある．

高圧架空電線路からの引込みにおいて受電容量 500 kW 以上の高圧受電設備では，引込口に避雷器の設置が義務づけられている．500 kW 未満でも設置が望ましい．避雷器の接地工事は A 種接地工事を施し，接地抵抗値は 10 Ω 以下とするよう電技で規定されている．

（a）避雷器の外観

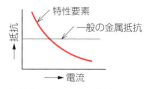

（b）特性要素の電流-抵抗特性

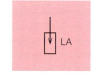

（c）避雷器の図記号

図 1・13 避雷器

COLUMN

雷現象

雷放電現象の波高値は 20〜40 kA，まれに 100〜2 000 kA に達するものがあり，波頭長 1〜2 μs，波尾長 30〜50 μs のものが多い．このような雷が送配電線などを直撃する場合を直撃雷といい，雷雲の電荷によって送電線に発生した反対符号の電荷が線路上を進行する現象が誘導雷である．

雷インパルス電圧波形は，**図 1・14** のように規約波頭長 T_1 [μs] と規約波尾長

1.8 電力需給用計器用変成器

電力需給用計器用変成器の役割

電力需給用計器用変成器

電力需給用計器用変成器の結線は，V結線の計器用変圧器と二相分の変流器の組合せから構成されている

電力需給用計器用変成器は，計器用変圧器と変流器を組み合わせた構造の変成器で，**二次電圧と二次電流を検出する**．取引用変成器の二次側には電力量や電力計などが接続され，**電力取引用の計量**に用いられる．

需要家が電気を使用するためには，電気の供給者である電力会社と需給契約を交わし，その電気料金は受電設備で使用した全電力量に対して支払う必要がある．そのため，電力需給用計器用変成器は受電点の部分に設けられ，その電力需給用計器用変成器と取引用計器類は電力会社から支給される．

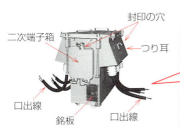

計器用変圧器と変流器を一体化した構造で，変成した電圧・電流は電力取引用の電力量計や電力計に送られる．
電力需給用計器用変成器は電力会社の財産で，電力会社から支給される電力需給用計器用変成器，取引用電力量計類は電力会社の関係者以外取り扱うことはできない．

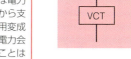

（a）電力需給用計器用変成器　　　　　（b）電力需給用計器用変成器の図記号

図1・15　電力需給用計器用変成器

T_2〔μs〕により，±(T_1+T_2)〔μs〕として表され，標準雷インパルス電圧波形は±$(1.2+50)$μsと規定されている．

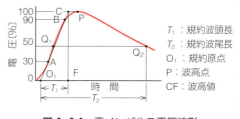

T_1：規約波頭長
T_2：規約波尾長
O_1：規約原点
P：波高点
CF：波高値

図1・14　雷インパルス電圧波形

1.9 計器用変成器

変流器・零相変流器

巻線形と貫通形
巻線形は変流器の鉄心の周囲に一次巻線と二次巻線が巻かれた一体形の構造で，貫通形は二次巻線を巻いた鉄心の窓に母線やケーブルを挿入する構造のもの

変流器は，主回路の電流に比例した小電流に変成し，**主回路の計測・保護を行う目的で使用**する．

変流器は，一次電流によって誘起された磁束が鉄心を介して，これに比例した大きさの二次電流に変成する機器で，一次巻線の構造により**巻線形**，**貫通形**に分けられる．絶縁種別では**モールド形**が主として使用されている．

零相変流器は，鉄心の窓枠内に一次巻線として絶縁された三相回路導体を貫通させて，電気系統に地絡事故が発生したとき，大地に流れる地絡電流を検出する変流器である．

変流器の誤差階級は定常状態における精度を表している．変流器の過電流に対する比誤差が－10%になる電流の倍数を表した値を過電流定数という．
計器用変成器は絶縁性に優れたモールド形が用いられているが，巻線のみをモールドするコイルモールド形と巻線，鉄心をモールドする全モールド形がある．

（a）変流器の外観

（b）変流器の図記号

（c）零相変流器の図記号

図1・16　変流器

計器用変圧器

計器用変圧器は，主回路の電圧に比例した低電圧に変成して，高電圧回路の計測・保護を行う目的で使用する．一次側の高電圧を巻数比に比例した二次電圧（一般に110 V）に変成する機器で，絶縁種別では**モールド形**が使用されている．

1.9 計器用変成器

計器用変圧器の精度
変圧器の動作原理と同じであり，交流電圧の実効値，波高値，波形測定に用いられ，精度は0.3〜3%までの各種がある

特殊なものとしては，高電圧回路と大地間の静電容量分圧を利用して計器や継電器に必要な電圧を検出する**コンデンサ形接地電圧検出装置**がある．

また，電気系統に地絡事故が発生したときに，回路に生じる零相電圧を検出するため，三次巻線回路をオープンデルタの構造とした接地形計器用変圧器もある．

計器用変圧器の一次側には計器用変圧器保護用の高圧限流ヒューズを取り付ける．計器用変圧器の二次側に接続される継電器，計器，ケーブルなどの合計負担〔VA〕は，定格負担を超えないようにする．

（a）計器用変圧器の外観

（b）接地形計器用変圧器の外観

（c）計器用変圧器の図記号

（d）接地形計器用変圧器の図記号

（e）コンデンサ形接地電圧検出装置の図記号

図1・17　計器用変圧器

COLUMN

コンデンサ形接地電圧検出装置（ZVT）

　高圧受電設備地絡方向継電器の電圧要素として用いる零相電圧を検出するための装置で，コンデンサ分圧を利用した計器用変圧器の一種である．一次端子の一端を電路に接続し，ほかの一端を接地して使用する．高圧受電設備では，電力会社の高圧配電線路側に接地形計器用変圧器が接続されている．そのため，電力会社の高圧配電線路に直接接続される需要家側に接地形計器用変圧器を用いると二重接地となるので，地絡継電器の動作検出感度が低下することや，保守点検時の絶縁抵抗測定ができないことなどから，この装置を用いて地絡保護を行う．

1.10 電力ヒューズ

電力ヒューズの役割

限流特性
短絡電流が流れた場合に，短絡発生直後，短絡電流が立ち上がりかけたところを遮断して，回路に流れる電流を限流する動作．回路に接続されている機器の熱的・機械的強度を軽減できる

電力ヒューズは過電流遮断器の一つで，高圧回路以上で使用される遮断電流の大きいヒューズを一般に電力ヒューズといい，**過負荷電流から短絡電流まで遮断できるが，電路を開閉する機能はない**．

高圧受電設備に使用される電力ヒューズは，主に**限流ヒューズ**が用いられている．

電力ヒューズは，過電流を検出して遮断するヒューズリンクとヒューズホルダで構成されている．ヒューズリンクは，銀線や銀板を用いたエレメントとけい砂および磁器またはFRP（繊維強化プラスチック）でつくられ，遮断時の内圧に耐える機械的強度をもつ外筒から形成されている．

限流ヒューズは遮断容量が大きく，速断・限流特性に優れ，小型軽量で構造が簡単，安価などの特長があるが，投入操作・繰返し遮断はできない．

ヒューズは可溶体に過電流が流れると，発生ジュール熱で溶断して回路を遮断する経済的な保護装置である．電力ヒューズは使用負荷用途別に，変圧器用(T形)，電動機用(M形)，コンデンサ用(C形)，一般用(G形)などがある．
ヒューズの定格電流は全負荷電流を十分流すことができる大きさで，負荷の過渡電流(変圧器の励磁電流や電動機の始動電流)では劣化しない特性を選定する．

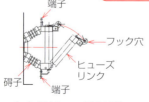

（a）電力ヒューズの外観

（b）電力ヒューズの図記号

図1・18　電力ヒューズ

1.11 高・低圧電磁接触器

高・低圧電磁接触器の役割

多頻度開閉
電磁接触器は数十万〜数百万回の開閉寿命をもっており，電動機の発停，照明の点滅など頻繁な開閉に適するよう接触面のアーク滞留防止，電磁石の開閉緩和などの配慮がされている

電磁接触器は，コンデンサ，変圧器，電動機などの負荷の開閉制御を主目的とした多頻度開閉用の機器で，**常時の負荷電流あるいは過負荷電流は安全に開閉できる機能をもっている**．

高圧電磁接触器は負荷電流の多頻度開閉能力を有しているが，遮断器のような短絡電流開閉能力はないので，限流ヒューズと組み合わせて短絡保護を可能としたコンビネーション形とする場合もある．高圧電磁接触器は，消弧媒体により気中式や真空式があるが，最近では真空式が主流となっている．

電動機，コンデンサなどの適用負荷に対して，最大適用容量が異なるため，適用にあたってはそれぞれの適用容量以内で使用する必要がある．

低圧電磁接触器は電動機の始動・停止，正転・逆転運転，焼損保護などの制御用としてビルや工場の空調機械，工作機械，生産機械などに用いられている．

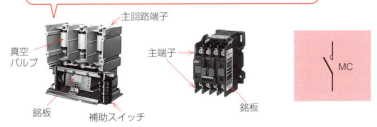

高圧電磁接触器は，小型で保守が簡単なことから真空電磁接触器が広く用いられている．
電磁接触器は遮断能力が大きくないので，ほかの保護機器（高圧では電力ヒューズ，低圧では配線用遮断器）と組み合わせて使用される．

(a) 高圧電磁接触器　　(b) 低圧電磁接触器　　(c) 電磁接触器の図記号

図 1・19　電磁接触器

1.12 計　　器

計器の種類と役割

計器の誤差
計器の誤差を発生させる要因としては，零点の狂い，計器の姿勢，周波数，周囲温度，外部磁界などの影響がある

計器は電圧・電流・電力などの電気量を測定するもので，高圧受電設備の保守・運用に必要不可欠なものである．

高圧受電設備に最も一般に使用される計器としては，以下のものなどがある．

① 電圧の変化や電圧の有無をチェックする電圧計．
② 電流の変化により，負荷の使用状況を把握する電流計．
③ 受電設備の平均電力を計測して，契約電力や電力設備の改善，増設計画に役立てる電力計．
④ 力率が設備に及ぼす影響から，力率を適正に保つため力率を監視するための力率計．
⑤ 電力量の積算をするための電力量計．
⑥ 遠方監視制御装置などで計測するために，電圧・電流・電力などの諸量に比例した直流電流や電圧に変換するトランスデューサ（変換器）．

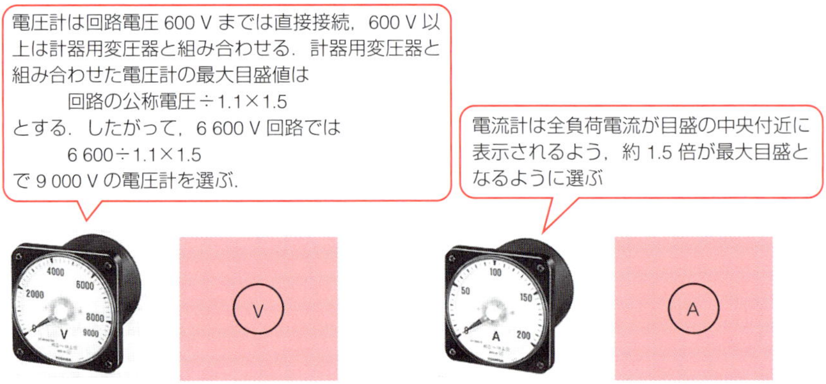

電圧計は回路電圧 600 V までは直接接続，600 V 以上は計器用変圧器と組み合わせる．計器用変圧器と組み合わせた電圧計の最大目盛値は
回路の公称電圧÷1.1×1.5
とする．したがって，6 600 V 回路では
6 600÷1.1×1.5
で 9 000 V の電圧計を選ぶ．
電流計は全負荷電流が目盛の中央付近に表示されるよう，約 1.5 倍が最大目盛となるように選ぶ
2000
4000
6000
8000
9000
V
50
100
150
200
A

（a）電圧計　（b）電圧計の図記号　（c）電流計　（d）電流計の図記号

図 1・20　電圧計・電流計

1.12 ● 計　器

　高圧受電設備では，配電盤用指示電気計器が一般に使用され，測定量，階級，動作原理，用途，形状などにより分類される．階級は1.5級または2.5級が多く用いられる．

　また最近では，電圧や電流，電力量など複数の計測要素やトランスデューサ機能などを備えたマルチメータも採用されはじめている．

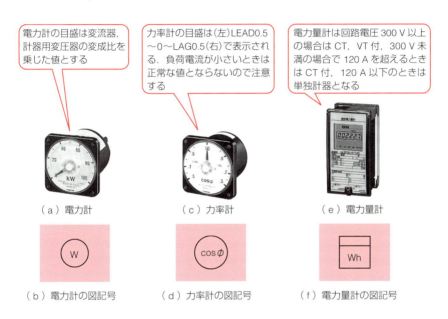

電力計の目盛は変流器，計器用変圧器の変成比を乗じた値とする

力率計の目盛は(左)LEAD0.5～0～LAG0.5(右)で表示される．負荷電流が小さいときは正常な値とならないので注意する

電力量計は回路電圧300 V以上の場合はCT，VT付，300 V未満の場合で120 Aを超えるときはCT付，120 A以下のときは単独計器となる

（a）電力計　　　　（c）力率計　　　　（e）電力量計

（b）電力計の図記号　（d）力率計の図記号　（f）電力量計の図記号

図 1・21　電力計・力率計・電力量計

図 1・22　電子式マルチメータ
　　　　出典：第 1 エレクトロニクス SQLC-110 L

> **COLUMN**

計量法

　国内の商取引や証明行為のために測定値を用いるときに，混乱や不公平が生じないように定めた法律である．計量法で指定されている測定器は，定期的に公的機関による検定を受ける必要がある．

　電気取引に用いられる電力量計は，法的に指定されている計量器で，日本電気計器検定所で検定を行っている．従来は電力会社と需要家の間の取引用計器のみ検定対象となっていたが，昭和42年の計量法ではビルやアパートなどの家主と借家人との間の電気料金の計量に用いられる計器も検定の対象となっている．

　受電設備でも電気料金の取引に用いる電力量計は検定が必要となる．

1.13 保護継電器

保護継電器の種類と役割

保護協調
電気回路の保護装置が何段も直列に接続された回路で，同時に事故を検出しても当該の回路を保護し，ほかの回路に影響を与えないよう適正な保護方式の採用と整定を行うこと

電気系統や電気機器に万一事故が発生した場合，事故を迅速かつ確実に検出する役目を担うのが保護継電器である．遮断器などと組み合わせて，故障部分を除去して事故の拡大・波及の防止を図り，被害を最小限にとどめ，事故の復旧，修理や再発防止を図る．

保護継電器は目的や機能により各種の種類があるが，高圧受電設備に用いられる継電器としては，過負荷や短絡保護に用いる**過電流継電器**，負荷遮断時や地絡事故発生時の異常電圧などの保護用として用いる**過電圧継電器**，短絡事故や停電検出用の**不足電圧継電器**，零相電流回路に接続して，地絡保護用に用いる**地絡過電流継電器**，基準とする電圧に対して地絡電流の位相を判別して，地絡事故を検出する**地絡方向継電器**などがある．

> 一般に高圧受電設備に用いられる保護継電器は，過電流継電器，地絡過電流継電器，不足電圧継電器などである．
> 保護継電器は電磁誘導を原理とする誘導形に比べ，高精度で各種特性が容易に得られる静止形が主流となっている．
> 保護協調は，保護継電器の動作特性を電流−時間特性曲線上に表して協調の検討を行うとわかりやすい．

過電流継電器

地絡過電流継電器

不足電圧継電器

過電圧継電器

地絡方向継電器

（a）誘導円板形継電器の外観　（b）静止形継電器の外観　（c）主な継電器の図記号

図1・23　保護継電器

また最近では，複数の保護要素に加え，メータ，操作スイッチ，監視窓の機能を一つの装置に収納したマルチリレーなどの採用が進んでいる．

図1・24 マルチリレー

1.14 非常用発電設備

非常用発電設備の種類と役割

非常用発電設備は，**消防法**における「非常電源」，**建築基準法**における「予備電源」の目的を兼ね，**非常時の電源を得る目的で設置**され，万一，ビルや病院・工場などで停電が発生した場合や保守時の保安電源として用いられる．

また最近では，BCP（Business Continuity Plan）の観点から，バックアップ時間の長時間化やシステムの多重化など機能の強化に関心が高まっている．

発電設備は原動機，交流発電機，制御装置，始動装置および付属装置などから構成され，これらの装置をキュービクルに収納した**キュービクル形**や共通台床上に原動機，発電機を設置した**開放形**およびこれらを金属パネルで囲った**パッケージ形**などに分類される．非常用発電装置としては，ディーゼル発電装置やガスタービン発電装置が使用されている．

消防法で規定される防災用発電装置には，（一社）日本内燃力発電設備協会による製品認証が必要であり，消防庁認定マーク，適合マークおよび登録票の貼付が義務づけられている．

発電機の周波数と回転速度

周波数と回転速度の関係は

回転速度 $= \dfrac{120 \times 周波数}{極数}$

で表され，用途により最も適した回転速度を選定する

> ディーゼル機関の場合は発電機を直結するが，高速で回転するガスタービン機関では，減速機を介して接続する．
> 交流発電機はブラシレス発電機が主流となっており，交流発電機，交流励磁機，回転整流装置，自動電圧調整装置から構成される．
> 消防法で規制される防災用発電設備では，停電後40秒以内に送電するよう義務づけられている．

（a）ディーゼル発電設備の外観

（b）発電機の図記号

図1・25　非常用発電設備

COLUMN

分散電源の種類と特徴

種類	特徴	システム構成
コージェネレーション	石油や天然ガスなどの燃料を燃焼して発電を行うと同時に，燃焼による排熱を利用することにより，エネルギーの利用効率を高める エネルギー利用効率：80〜90％程度（熱利用を含む）	
燃料電池	天然ガスなどから水素を抽出し，空気中の酸素との化学反応を利用する．電解質の違いによって，固体高分子形やリン酸形などの種類がある．おのおのの発電が始まる温度（作動温度）や発電規模が異なる エネルギー利用効率：75〜85％（熱利用を含む）	
太陽光発電	太陽電池（シリコンなどの半導体に光が当たると電気が発生する光電効果を応用したもの）によって太陽の光を直接電気に変えて発電を行う 発電効率：15〜20％程度	
風力発電	自然の風の力により風車を回し，発電機を駆動して発電を行う．プロペラ形の風車が主流である 発電効率：30〜40％程度	
電力貯蔵	NaS電池，レドックスフロー電池，リチウムイオン電池，ニッケル水素電池，フライホイールなどを利用して，電力の充電と放電を行う．安価な深夜電力を貯蔵し，昼間の電力ピーク時に貯めた電力を供給．電力負荷の平準化に有効	

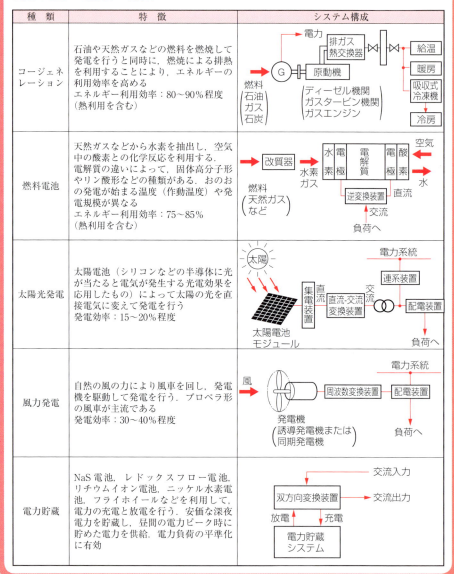

2章

構成機器の選定方法

　高圧受電設備に使用する機器は，引込受電点（責任分界点）に施設する区分開閉器から負荷配電用の配線用遮断器まで多種多様である．これらの機器は，単線接続図や3線接続図に図記号で示され，主な定格事項が記載されている．

　単線接続図や3線接続図などの作成，あるいは接続図などから高圧受電設備の機能を理解するには，構成機器の定格や性能に関する知識が必要となる．

　ここでは，単線接続図や3線接続図の見方やかき方に必要となる機器選定の基本事項を述べる．

2.1 高圧開閉器(断路器,区分開閉器)

選定のポイント

高圧受電設備に使用する断路器選定のポイントは,**構造上の種類**,**操作方式**,**定格電圧**,**定格電流**および**定格短時間耐電流**である.断路器の定格例を**表2・1**に示す.

区分開閉器
保安上の責任分界点に施設する高圧交流負荷開閉器で,架空配電線用と地中配電線用がある

区分開閉器では,断路器と同様に定格電圧,定格電流,定格短時間耐電流などに加え,**遮断電流**や**引込方式**に応じた種類などを選定する.区分開閉器は,一般的に過電流ロック形で短絡電流のような大電流遮断ができない機種もあるので,断路器と同様に短時間耐電流に注意して選定する.

また,地絡保護装置や避雷器などを付属するときは,電力会社の系統条件や保護方式などをふまえて選定する.

表2・1 断路器定格例

	①種 類	単極単投形			3極単投形					
	②操作方法	フック棒操作			フック棒操作			遠方手動操作		
定格	③電圧〔kV〕	7.2			7.2					
	④電流〔A〕	200	400	600	200	400	600	200	400	600
	⑤短時間電流〔kA〕	8(1秒)	12.5(1秒)	20(1秒)	8(1秒)	12.5(1秒)	20(1秒)	8(1秒)	12.5(1秒)	20(1秒)
	⑥インタロックコイル電圧	—			—			AC100/110V DC24V, 48V, 100/110V		
	適用規格	JIS C 4606			JIS C 4606					

選定上の基本事項

①**構造上の種類**(**極数**) 回路の各線に対する開閉部分を示し,同時に開閉する線の数により,単極,2極,3極などがある.一般的には3極単投形が多く用いられる.

②**操作方式** 高圧断路器には,連結機構を介して遠方から操作する遠方手動操作とフック棒操作がある.一般的に,負荷電流が流れる回路には,インタロック機能のある遠方手動操作を選

定する．フック棒操作は，避雷器1次用などに用いられている．

③ **定格電圧**　使用回路電圧の上限値，線間電圧（実効値）で，7.2 kV 定格を選定する．

④ **定格電流**　定格電圧，周波数で，規定の温度上昇限度を超えないで連続して通電できる電流の限度をいい，高圧受電設備では，200 A，400 A または 600 A から選定する．

なお選定には，短絡電流の耐量（定格短時間耐電流）に注意する必要がある．たとえば，電流 200 A 定格の回路であっても，短絡電流が 10 kA であれば，定格電流 400 A，定格短時間耐電流 12.5 kA の断路器を選定する．

⑤ **定格短時間耐電流**　規定の時間電流を通じても異常の認められない電流の限度をいい，回路の短絡電流以上の定格を選定する．高圧受電では一般的に 8 kA または 12.5 kA 定格を選定する．

⑥ **インタロックコイル電圧**　遮断器などと電気的インタロックを施す鎖錠装置のインタロックマグネット定格電圧で，受電設備の制御電源種別に応じて選定する．

断路器の定格短時間耐電流
JIS で 8 kA，12.5 kA と規定され，その通電時間は，1秒以上とされている．機種にもよるが，1秒定格または2秒定格が一般的である

COLUMN

高圧開閉器の開閉性能

電路を開閉する開閉器具は，その機能や性能より断路器，負荷開閉器，遮断器および電磁接触器に分類することができる．開閉器の電圧・電流開閉性能などは，**表2・2** のとおりである．

表2・2　高圧開閉器の開閉性能比較

	電圧の開路	電流開閉	大電流遮断	多頻度開閉
断路器	○	×	×	△
負荷開閉器	○	○	△（ヒューズと組合せにより可）	△
遮断器	△	○		△
電磁接触器	△	○	△（ヒューズと組合せにより可）	○

○：可，△：制約あり，×：不可

2.2 高圧遮断器

選定のポイント

操作装置
遮断器の可動接触部を直接動作させるエネルギーを処理し，伝達する機構のことで，主に手動ばね操作，電動ばね操作が主流だが，最近では永久磁石を搭載したバランス形電磁操作機構（BMA：Balanced Magnetic Actuator）なども採用されている

高圧受電設備に使用する遮断器は，その消弧方式により真空遮断器，磁気遮断器，油入遮断器などがある．選定のポイントは，いずれも**定格電圧**，**定格電流**，**定格遮断電流**および**定格遮断時間**である．配電盤に収納する遮断器の据付方法は，保守や点検が容易な引出形を選定することが望ましい．遮断器の定格例を**表2・3**に示す．

表2・3 遮断器の定格例

閉路操作方式	電動ばね操作			
据付方法	引出形	固定形	引出形	固定形
定格 ①電圧〔kV〕	7.2			
②電流〔A〕	400		600	
③遮断電流〔kA〕	8		12.5	
参考遮断容量〔MVA〕	100		160	
周波数〔Hz〕	50, 60			
④投入電流〔kA〕	20		31.5	
⑤短時間耐電流〔kA〕	8(1 s)		16(2 s)	
⑥遮断時間（サイクル）	3			
標準動作責務	A号(O-(1分)-CO-(3分)-CO)			

選定上の基本事項

動作責務
遮断器の遮断性能，投入特性などが定められる基準となる動作を規定している．JISではA，Bの2種類が定められている．
A：O-(1分)-CO-(3分)-CO
B：CO-(15秒)-CO
なお，Cは閉，Oは開を示す

①**定格電圧** 使用回路電圧の上限値，線間電圧（実効値）で，高圧受電設備では7.2 kVを選定する．

②**定格電流** 定格電圧，周波数で，規定の温度上昇限度を超えないで連続して通電できる電流の限度をいう．高圧受電設備では一般的に400 Aまたは600 Aとなるが，遮断電流もふまえて選定する．

③**定格遮断電流** 標準動作責務に従って遮断することができる遅れ力率の遮断電流の限度をいう．系統の遮断電流以上の定格を選定するが，高圧受電設備では一般的に8 kAまたは12.5 kA定格を選定する．

④**定格投入電流** 規定の条件下で投入することができる投入電流の限度で，投入電流の最初の周波の瞬時値（最大値）で示される．

⑤**定格短時間耐電流** 電流を規定時間流しても，遮断器に異常の認められない限度を示す．

⑥**定格遮断時間** 定格遮断電流を標準動作責務に従って遮断するときの遮断時間の限度をいう．定格周波数を基準にサイクル数で表され，高圧遮断器では3または5サイクルが一般的である．

なお，④，⑤は定格電圧，定格電流および定格遮断電流などと組み合わせて規定される．

COLUMN

短絡電流

電圧位相と回路の力率により定まる，ある大きさの直流電流が重畳された電流となる．この直流分は短時間で減衰するため，3あるいは5サイクル遮断の高圧遮断器で，遮断することはない．ただし，電路の機械的強度の検討が必要な場合は，直流分を考慮した非対称短絡電流実効値を用いる．

なお，低圧回路に使用する配線用遮断器は1/2サイクル遮断のため，直流分をふまえた短絡電流での検討が必要となる．

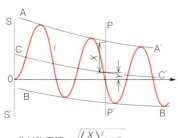

i ：遮断電流
SS' ：短絡瞬時
AA'
BB' ：電流波の包絡線
PP' ：発弧瞬時
CC' ：AA'およびBB'間の縦軸に平行な距離の二等分線
X ：遮断電流の交流分振幅
Y ：遮断電流の直流分振幅

非対称電流 $= \sqrt{\left(\dfrac{X}{2}\right)^2 + Y^2}$

図2・1 短絡電流波形

2.3 負荷開閉器,限流ヒューズ

選定のポイント

高圧交流負荷開閉器(LBS)は,限流ヒューズと組み合わせて使用される.ここでは,負荷開閉器本体と限流ヒューズの選定ポイントを述べる.

負荷開閉器と限流ヒューズの選定ポイントは,遮断器のように**定格電圧,定格電流,定格遮断電流**などであり,短絡電流などの**系統条件**や**負荷の運転条件**などをふまえて選定する.負荷開閉器の定格例を**表2・4**に示す.

高圧交流負荷開閉器
高圧交流負荷開閉器にはヒューズ固定形とストライカ引外し形がある.小型軽量のストライカ引外し形が多く用いられている

限流ヒューズの定格電流表示
一般用(G),変圧器用(T),電動機用(M),コンデンサ用(C)があり,G 20 A,T 40 Aと定格電流に記号をつけて表示する

表2・4 高圧交流負荷開閉器の定格例

操作方法		フック棒操作	
電圧引外し装置の有無		無	有
① 電 圧 [kV]		7.2	
② 電 流 [A]		200	
③ 開閉容量 [A]	負荷電流	200	
	充電電流	40	
	励磁電流	20	
	コンデンサ電流	40	
周波数 [Hz]		50, 60	
過負荷遮断電流 [A]		A 1 200 (1回)	
地絡遮断電流 [kA]		30 (15回×2組)	
投入遮断電流 [kA]		A 31.5 (波高値) (1回)	
遮断電流 [kA]		12.5	
開閉寿命 [回]	機械的	1 000	
	電気的	200	
④ 標準動作責務 [回]	機械的	手動操作:1 000 ストライカ引外し:100	手動操作:100 電圧引外し:900 ストライカ引外し:100
	電気的	短絡投入:1, 遮断電流:1 負荷電流開閉:200, 過負荷遮断:1 励磁電流開閉:10, 地絡遮断:15×二相 充電電流開閉:10 コンデンサ電流開閉:200	

2.3 負荷開閉器，限流ヒューズ

表2・5　変圧器に対する選定例

変圧器容量〔kVA〕	周波数〔Hz〕	6.6 kV 単相 変圧器全負荷電流〔A〕	6.6 kV 単相 ⑤ヒューズ定格電流〔A〕	6.6 kV 三相 変圧器全負荷電流〔A〕	6.6 kV 三相 ⑤ヒューズ定格電流〔A〕
10	50	1.52	T3(G10)	—	—
10	60	1.52	T3(G10)	—	—
20	50	3.03	T10(G20)	1.75	T3(G10)
20	60	3.03	T10(G20)	1.75	T3(G10)
30	50	4.55	T10(G20)	2.62	T3(G10)
30	60	4.55	T10(G20)	2.62	T3(G10)
50	50	7.58	T15(G30)	4.37	T10(G20)
50	60	7.58	T15(G30)	4.37	T10(G20)
75	50	11.4	T20(G40)	6.56	T10(G20)
75	60	11.4	T15(G30)	6.56	T10(G20)
100	50	15.2	T20(G40)	8.75	T10(G20)
100	60	15.2	T20(G40)	8.75	T10(G20)
150	50	22.7	T40(G60)	13.1	T15(G30)
150	60	22.7	T30(G50)	13.1	T15(G30)
200	50	30.3	T40(G60)	17.5	T20(G40)
200	60	30.3	T40(G60)	17.5	T20(G40)
250	50	37.9	T60(G75)	21.9	T30(G50)
250	60	37.9	T40(G60)	21.9	T30(G50)
300	50	45.5	T60(G75)	26.2	T30(G50)
300	60	45.5	T50(G65)	26.2	T30(G50)
400	50	60.6	T80(G100)	35.0	T40(G60)
400	60	60.6	T80(G100)	35.0	T40(G60)
500	50	75.8	T80(G100)	43.7	T50(G65)
500	60	75.8	T80(G100)	43.7	T50(G65)
750	50	—	—	65.6	T80(G100)
750	60	—	—	65.6	T80(G100)

表2・6　コンデンサに対する選定例

コンデンサ容量〔kvar〕	定格電流〔A〕	7.02 kV ⑤リアクトル $L=6\%$			
		標　準*	最　大**	多頻度開閉***	真空コンタクタとの組合せ,またはコンビネーションユニット搭載****
10.6	0.87	C 3 (G 10)	C 40 (G 60)	C 3 (G 10)	—
12.8	1.05				
16	1.32				
19.1	1.57				
21.3	1.75				
25.5	2.1				
26.6	2.19				
31.9	2.62		C 50 (G 75)		
38.3	3.15				
53.2	4.38	C 10 (G 20)		C 10 (G 20)	C 15 (G 30)
79.8	6.56				
106	8.72	C 15 (G 30)	C 60 (G 100)	C 15 (G 30)	
160	13.2	C 20 (G 40)		C 20 (G 40)	
213	17.5	C 25 (G 50)		C 40 (G 60)	C 40 (G 60)
266	21.9	C 40 (G 60)		C 50 (G 75)	
319	26.2	C 50 (G 75)		C 60 (G 100)	

*　開閉頻度 100 回/年程度
**　コンデンサと変圧器の並列回路に適用する場合．変圧器側の選定がこの値を上回る場合は個別保護とする
***　自動力率調整のような開閉頻度 10 000 回/年程度．直列リアクトルを取り付けて使用
****　直列リアクトルを取り付けて使用

選定上の基本事項

① **定格電圧**　　使用回路の上限値，線間電圧（実効値）で，7.2 kV 定格を選定する．

② **定格電流**　　負荷容量より算定して，回路電流より大きな定格値を選定する．

③ **定格開閉容量**　　開閉容量は，負荷特性により異なるので注意が必要となる．特に，変圧器励磁電流やコンデンサ電流の開閉容量は小さい．

④ **開閉性能，標準動作責務など**　　負荷開閉器の開閉性能や動作責務は規格で定められているので，性能を把握して適用する．

⑤ **ヒューズ定格電流**　　限流ヒューズの定格電流は，負荷側機器

（変圧器，コンデンサや電動機）の突入特性や繰返し特性などを考慮した溶断特性が規定されている．したがって，負荷種類と容量に応じた適用表に基づき選定する．**表2・5**に変圧器保護用限流ヒューズの選定例を，**表2・6**にコンデンサ保護用限流ヒューズの選定例を示す．

COLUMN

限流ヒューズ

　限流ヒューズは，小型で遮断電流が大きいため，高圧受電設備全体を小型にかつ経済的に構成できることから幅広く使用されている．

　その原理は，高いアーク抵抗を発生し，短絡電流を強制的に抑制して遮断する方式で，密閉形絶縁筒内にヒューズエレメントとけい砂など粒状消弧剤を充てんした構造となっている．**図2・2**に限流ヒューズの限流作用を示す．

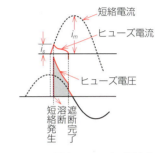

図2・2 限流ヒューズの限流作用

2.4 電磁接触器（高圧，低圧）

選定のポイント

コンビネーションユニット
高圧交流電磁接触器と限流ヒューズを組み合わせることにより，多頻度開閉能力に加え，短絡電流遮断能力を付加した装置

高圧受電設備に設置する高圧電磁接触器選定のポイントは，**定格使用電圧**，**定格使用電流**，**操作電圧**，**短絡遮断電流**，**定格短時間耐電流**，**開閉頻度**，**寿命**および**適用容量**などである．高圧電磁接触器の定格例を**表2・7**に示す．なお，高圧電磁接触器は限流ヒューズと組み合わせ，コンビネーションユニットとして使用することもある．

低圧電磁接触器選定のポイントは，**定格**（**適用容量**）と**性能**である．定格電流は，負荷種類，容量とその電圧に応じた適用基準より選定する．低圧電磁接触器の定格例を**表2・8**に示す．

表2・7　高圧電磁接触器の定格例

	種類		常時励磁式	ラッチ式	常時励磁式	ラッチ式
①	定格使用電圧〔kV〕		6.6			
②	定格使用電流〔A〕		200		400	
	定格周波数〔Hz〕		50, 60			
③	短絡遮断電流〔kA〕		6.3			
	短時間耐電流〔kA(s)〕		8.0(1)		8.0(2)	
④	開閉耐久性	開閉頻度*〔回/時〕	1 200	3号：300	1 200	3号：300
		機械的〔万回〕	2種：250	4種：25	2種：250	4種：25
		電気的*〔万回〕	2種：25			
⑤	操作電流〔A〕	AC 100/110 V 単相全波 または DC 100/110 V　保持または引外し	0.6	4.0	0.6	4.0
		投入	5.5	5.5	5.5	5.5
		AC 200/220 V 単相全波 または DC 200/220 V　保持または引外し	0.7	2.5	0.7	2.5
		投入	6.0	6.0	6.0	6.0
⑥	最大適用容量	電動機〔kW〕	1 500		3 000	
		三相変圧器〔kVA〕	2 000		4 000	
		コンデンサ〔kvar〕	2 000		2 000	

*　AC 3 級(投入：定格電流の 6 倍，遮断：定格電流)

選定上の基本事項

①**定格使用電圧**　　使用の基準となる電圧で，回路電圧に合わせて選定する．

②**定格使用電流**　　定格使用電圧で，定格を満たす最大適用電流

2.4 ●電磁接触器（高圧，低圧）

表2・8　低圧電磁接触器の定格例

	フレームサイズ〔AF〕		13	20	25	35	50
定格	三相かご形電動機容量（AC-3）	200～240 V	2.7 kW, 13 A	4 kW, 19 A	5.5 kW, 26 A	7.5 kW, 35 A	11 kW, 50 A
		380～440 V	4 kW, 9 A	7.5 kW, 17 A	11 kW, 25 A	15 kW, 32 A	22 kW, 48 A
	単相電動機容量（AC-3）	100 V	0.5 kW, 13 A	0.8 kW, 19 A	1.2 kW, 26 A	1.7 kW, 35 A	―
		220 V	1.0 kW, 13 A	1.6 kW, 19 A	―	―	―
	インチングプラッギング容量（AC-4）	200～240 V	2.2 kW, 11 A	4 kW, 19 A	4.5 kW, 20 A	7.5 kW, 35 A	7.5 kW, 35 A
		380～440 V	4 kW, 9 A	5.5 kW, 13 A	7.5 kW, 17 A	15 kW, 32 A	15 kW, 32 A
	抵抗負荷容量（AC-1）〔A〕	200～240 V / 380～440 V	20 A	32 A	50 A	60 A	80 A
	定格通電電流〔A〕						
性能 ④	機械的開閉耐久性〔万回〕		1 000				500
	電気的開閉耐久性（AC-3）〔万回〕		200				

インチング
電動機に低速回転を与えるため，1回または繰返し短時間だけ電動機を電源に接続すること

プラッギング
電動機の回転中に電圧の相順を逆にして，電動機を急激に停止させること

をいう．負荷容量から電流を算定して，定格値を選定する．

③**定格遮断電流**　　高圧電磁接触器の遮断電流は，一般的に小さいので注意が必要である．短絡電流が大きい回路では，限流ヒューズと組み合わせて使用する．なお，コンビネーションユニットは，限流ヒューズと組み合わせた装置で，大きな遮断電流性能を有している．

④**開閉耐久性**　　開閉頻度や寿命は，規格で定められカタログや技術資料などに記載されている．高圧電磁接触器の開閉性能を表2・9，表2・10，表2・11に示す．

⑤**操作電源（操作電圧）**　　操作電源は，設備の重要度や運転方法をふまえて選定する．一般的に，交流 100 V，200 V 級，直流 100 V 級などがある．定格表中の数値は操作コイルの電流値を示し，操作電源の容量検討などの参考データとする．

⑥**最大適用容量**　　電磁接触器やコンビネーションユニットの定格には，負荷の種類（電動機，変圧器，コンデンサなど）に応じた最大適用容量が規定されているので，最大容量以内にあることを確認する．

表2・9 閉路容量および遮断容量の級別

級　別	代表的適用例
AC0	始動抵抗の短絡または始動リアクトルの短絡
AC1	非誘導性または少誘導性の抵抗負荷の開閉
AC2	(1)巻線形誘導電動機の始動, (2)運転中の巻線形誘導電動機の停止(開路)
AC3	(1)かご形誘導電動機の始動, (2)運転中のかご形誘導電動機の停止(開路)
AC4	(1)かご形電動機の始動, (2)かご形電動機のプラッギング, (3)かご形電動機のインチング
AC6b	コンデンサの開閉

表2・10　開閉頻度の号別

号　別	2号	3号	4号	5号	6号
開閉頻度〔回/時〕	600	300	150	30	6

表2・11　開閉耐久性の種別

種　別	機械的開閉耐久性〔万回〕	電気的開閉耐久性〔万回〕
2　種	250以上	25以上
3　種	100以上	10以上
4　種	25以上	5以上
5　種	5以上	1以上

注）1. 開閉耐久性とは，開閉動作を1回とする回数で表す
　　2. 機械的開閉耐久性と電気的開閉耐久性のそれぞれの種別の組合せで表示する

COLUMN

電磁接触器の操作方式

常時励磁とラッチ式がある．

常時励磁式　電磁接触器の投入コイルが励磁されている間だけ投入状態を維持し，投入コイルの励磁が解けると開路状態になる．主に，電動機回路など比較的多頻度の開閉に用いる．

ラッチ式　電磁接触器の投入コイルを励磁して投入した後，機械的にその状態を保持する．開路は，引外しコイルを励磁し，機械的保持機構を外すことで開路とする．主に，制御電源の状態にかかわらず停止できない負荷などに用いる．

2.5 変圧器

選定のポイント

高圧受電設備に使用する変圧器選定のポイントは，**容量**，**相数**，**結線**，**周波数**，**一次・二次電圧**，**タップ電圧**，**冷却**と**絶縁方式**および**定格**である．変圧器の主な定格事項を**表2・12**に示す．

表2・12 単相および三相変圧器の定格

① 電圧	項 目		単相変圧器	三相変圧器
	定格電圧〔V〕	一次	6 600	6 600
		二次	210/105	210
	全容量タップ電圧〔V〕		6 750, 6 600, 6 300	6 750, 6 600, 6 450, 6 300
	低減容量タップ電圧〔V〕		6 000	6 150, 6 000
②周波数〔Hz〕			50 または 60	
容 量〔kVA〕			10, 20, 30, 50, 75, 100, 150, 200, 300, 500	20, 30, 50, 75, 100, 150, 200, 300, 500, 750, 1 000, 1 500, 2 000
③結 線			単相3線	Y-Y, Y-△, △-△, △-Y
加圧耐電圧〔kV〕			一次巻線：22 kV	
雷インパルス電圧〔kV〕			一次巻線：60 kV（全波）	
使 用			連続使用	

変圧器容量算定

負荷損
負荷を接続したときに発生する損失で，銅損ともいう

無負荷損
負荷を接続していなくても発生する損失のことで，鉄損ともいう

変圧器容量は，次式に示すように，接続される負荷を入力換算して，算出する．

$$\text{変圧器容量} = \left[\sum_{n=1}^{\infty} \left\{ \frac{P_n}{n_n \times \cos \theta_n} \right\} \right] \times \alpha$$

P_n：負荷容量〔kW〕，n_n：負荷の効率，$\cos \theta_n$：負荷の力率，α：需要率

変圧器容量の算出例

照明関係の合計負荷容量 55 kW，効率 95%，力率 95%，需要率 80% とする．

$$\text{変圧器容量} = \left[\frac{55}{0.95 \times 0.95} \right] \times 0.8 \fallingdotseq 49 \text{ kVA}$$

変圧器容量 50 kVA を選定する．

選定上の基本事項

① **定格電圧** 変圧器の定格一次電圧は 6 600 V であるが，タップが設けられ，入力電圧に応じた対応ができるようになっている．定格二次電圧は，負荷が要求する電圧を選定する．

② **定格周波数** 周波数は，受電する電力会社系統より決まり，国内では 50 Hz もしくは 60 Hz となる．

③ **結線** 変圧器には，単相と三相があり，負荷が必要とする電気方式に応じて選定する．三相変圧器は，主に星形結線と三角結線があるが，規格やメーカ技術資料から選定する．

絶縁種別 変圧器の絶縁種別には，一般的にモールド変圧器と油入変圧器があり，設備の条件や経済性から選定する．**表2・13** にモールド変圧器と油入変圧器の比較を示す．

表2・13 モールド変圧器と油入変圧器の比較

比較項目	モールド変圧器	油入変圧器
絶縁処理材料	エポキシレジン	絶縁油
耐熱クラス	F/H	A
冷却媒体	空気	絶縁油
屋内外の仕様	屋内	屋内・屋外
燃焼性	難燃性	可燃性
寸法	小さい	大きい

COLUMN

タップ電圧

変圧器の一次側に，入力電圧に応じて使用することのできるタップが設けられている．これをタップ電圧といい，全容量タップ電圧と低減容量タップ電圧がある．

全容量タップ電圧は，変圧器の定格容量で連続運転可能で，低減容量タップ電圧は変圧器の使用可能な容量が減少する．

タップ電圧は，「F6750／R6600／F6450／F6300／6150 V」のように記号を付けて表示し，その記号は，定格容量タップ電圧が「R」，全容量タップ電圧が「F」で，低減容量タップ電圧には記号を付けない．

2.6 進相コンデンサ・直列リアクトル

選定のポイント

進相コンデンサと直列リアクトル選定のポイントは，それぞれの**容量**，**定格電圧**などに加え，**絶縁の種別**や**付属器具**などである．

進相コンデンサと直列リアクトルには，**油入り**と**乾式**があり，その選定は，変圧器の絶縁種別と同レベルとすることが望ましい．

進相コンデンサ容量の算定

力率改善に必要とする**コンデンサ容量** Q は，**図2・3**に示すように有効電力 W_0，力率改善前の力率 θ_1，改善後の力率を θ_2 (一般的に95％を目標) とすると次式となる．

$$Q = P_1 \cos\theta_1 \left(\sqrt{\frac{1}{\cos^2\theta_1} - 1} - \sqrt{\frac{1}{\cos^2\theta_2} - 1} \right)$$

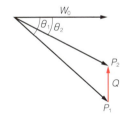

P_1：力率改善前の皮相電力
P_2：力率改善後の皮相電力
Q：コンデンサ容量
W_0：有効電力

図2・3 力率改善の説明図

COLUMN

コンデンサ容量の算定例

運用中の総合力率80％，有効電力100 kW の負荷を力率95％に改善するために必要とするコンデンサ容量 Q 〔kvar〕を求める．

$$Q = 100 \times \left(\sqrt{\frac{1}{0.8^2} - 1} - \sqrt{\frac{1}{0.95^2} - 1} \right)$$
$$= 100 \times (0.75 - 0.33) \fallingdotseq 42 \text{ kvar}$$

直列リアクトル容量の算定

直列リアクトル容量 (SR) は次式で求める．

$$\text{直列リアクトル容量}(SR) = \text{進相コンデンサ容量}(Q) \times \text{リアクタンス}(L)$$

定格電圧と定格設備容量

進相コンデンサの定格電圧は，直列リアクトル（リアクタンス6%の場合）による電圧上昇を考慮し，6 600 V回路用は7 020 V定格となる．また，直列リアクトル定格電圧は約243 Vとなる．
定格電圧と定格設備容量の算出方法を**図2・4**に示す．

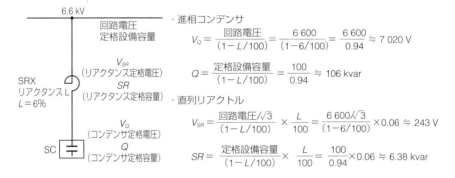

図2・4 電圧・容量算出説明図

<COLUMN>

進相コンデンサ・リアクトルの容量表示

進相コンデンサ・リアクトルの容量表示は，JISで定義されている．
 定格容量　　定格電圧および定格周波数における進相コンデンサの設計無効電力．
 定格設備容量　　進相コンデンサと直列リアクトルを組み合わせた設備の定格電圧および定格周波数における設計無効電力．
 公称設備容量　　直列リアクトルによる実効無効電力の増大を考慮しないで，慣行的に使用されていた設備容量．

2.7 避雷器

選定のポイント

避雷器には，その性能を規定する多くの項目がある．高圧受電設備に使用する避雷器の選定ポイントは，**定格電圧**，**公称放電電流**となる．避雷器の定格例を**表2・14**に示す．

表2・14 避雷器の定格例

系統接地方式	非有効接地系統	
公称電圧〔V〕	6.6	
① 定格電圧〔kV〕	8.4	
② 公称放電電流〔kA〕	2.5	5
動作開始電圧〔kV〕	13.9 以上	
制限電圧(at 10 kA)〔kV〕	22	30
商用周波耐電圧〔kV〕	22	
雷インパルス電圧〔kV〕	60	
適用規格	JEC-2371, JEC-203, JIS C 4608	

選定上の基本事項

放電電流
避雷器の放電中に流れる衝撃電流

公称放電電流
保護および回復性能を表す放電電流の規定値

① **定格電圧** 使用回路電圧の上限値に裕度をとり，高圧受電設備では8.4 kVを定格電圧としている．

② **公称放電電流** 避雷器の放電中に流れる衝撃電流で，波高値で表される．公称放電電流は，JISで2.5 kAまたは5 kAが規定されている．

COLUMN

避雷器の接地

電技解釈で，A種接地を施し，接地抵抗値は10 Ω以下とするよう規定している．避雷器が動作したとき機器に加わる電圧は，避雷器の制限電圧＋電圧降下分（接地抵抗値×放電電流）であるから，接地抵抗の小さいほうが避雷器の有効保護範囲を広げることになる．

2.8 計器用変圧器

選定のポイント

計器用変圧器選定のポイントは，**回路電圧**，**相数**，**定格電圧**，**定格負担**，**確度階級**である．計器用変圧器の定格例を**表2・15**に示す．

表2・15 計器用変圧器の定格例

①回路電圧〔V〕	②相数	定格電圧〔V〕 ①一次	②二次	周波数〔Hz〕	④二次負担〔VA〕	⑤確度階級〔級〕	耐電圧〔kV〕 商用周波	雷インパルス	質量〔kg〕
6 600	単相	6 600	110	50, 60	200	1 P	22	60	14
	三相	6 600			2×200		22	60	27

選定上の基本事項

確度階級
計器用変圧器の誤差を示し，定格負担で定格周波数・電圧を加えたときの比誤差の限度で表す．保護用計器用変圧器は，記号Pを付けて表示する

① **回路電圧** 回路電圧は，計器用変圧器を使用する回路の公称電圧で，6.6 kV である．

② **相 数** 単相形あるいは三相形がある．三相回路に単相形を使用する場合は，2台必要となる．

③ **定格電圧** 定格一次電圧は 6.6 kV，定格二次電圧は 110 V である．

④ **二次負担** 計器用変圧器の二次端子間に接続される計器や，継電器で消費される皮相電力の総和より大きい値を選定する．

⑤ **確度階級** 計器用変圧器の確度を示す階級のことで，**表2・16**に示す5階級に分類されている．

表2・16 確度階級

確度階級〔級〕	呼 称	主な用途
0.1	標準用	計測用変圧器試験用の標準器または特別精密計測用
0.2		
0.5	一般計測用	精密計測用
1.0		普通計測用，配電盤用
3.0		

2.9 変流器

選定のポイント

変流器選定のポイントは，**定格電流**，**定格負担**，**確度階級**，**定格耐電流**，**定格過電流定数**および**最高電圧**などである．変流器の定格例を**表2・17**に示す．

負担
2次端子間に接続される負荷で消費される皮相電力〔VA〕で表す

定格負担
性能保証の基準となる巻線当たりの負担である

表2・17 変流器の定格表例

一次電流〔A〕	二次電流〔A〕	最高電圧〔V〕	周波数〔Hz〕	定格負担〔VA〕	確度階級〔級〕	過電流強度	過電流定数
30	5	6.9	50, 60 共用	15	1 PS	12.5 kA 1秒	>10
40							
50							
75							
100							
150							
200							
300							

選定上の基本事項

① **定格一次・二次電流** 三相回路の**定格一次電流**は，次式で求める．

$$電流 = \frac{変圧器容量または負荷容量〔kVA〕}{\sqrt{3} \times 公称電圧〔kV〕} \times \alpha$$

α：裕度（1.1〜1.3）

定格二次電流は一般に5Aであるが，1A定格も採用されている．

② **二次負担** 変流器の二次端子間に接続される計器や継電器で消費される皮相電力の総和より大きい負担を選定する．二次負担を求める場合，計器や継電器の消費電力だけでなく，変流器二次配線の損失も見込む必要がある．

比誤差
真の変流比が公称変流比に等しくないことから生じる誤差のこと
比誤差(ε)
$= \frac{k_n - k}{k} \times 100$〔%〕
k_n：公称変流比
k：真の変流比

③ **確度階級** 変流器の誤差で，表2・16（44ページ参照）と同様に5階級に分類されている．

④ **耐電流** 変流器の性能を保証する過電流の限度で，一次電流

の倍率あるいは過電流の値で示し，前者を定格過電流強度，後者を定格過電流という．なお，表2・17の定格例は，定格過電流強度である．

⑤**過電流定数**　一次電流に対応して流れる2次電流の比誤差が，-10%になるときの電流倍数を示し，$n>5$，$n>10$ などと表す．$n>5$ とは，定格一次電流の5倍の電流において誤差が-10%生じることを意味している．過電流領域では，変流器鉄心の飽和現象により一次電流に二次電流が比例せず，保護継電器が不動作となることがあるので，十分な過電流定数のものを選定する．

⑥**最高電圧**　変流器の最大実効値電圧をいい，6.9 kV である．

COLUMN

銘　板

機器は見やすい適切なところにその名称，定格，製造業者名などを明示した銘板の取付けを規定されている．表示内容はそれぞれの規格で定められ，変流器はJISで「名称」，「製造業者名またはその略号」，「製造番号」，「形名」，「確度階級」，「定格一次・二次電流」などとされている．

2.10 保護継電器

選定のポイント

慣性特性
故障電流が除去されても慣性で検出動作を継続する現象である. この慣性により, 検出しない限界を示すものを慣性特性という

主保護と後備保護
主保護は, 事故点の最も近くで最も早く動作し, 後備保護は, 主保護が誤不動作したとき働く

高圧受電設備で発生する事故や異常現象は多様であり, それぞれの事故様相に応じた保護継電器がある. 保護装置の目的は, 故障が発生したとき事故点を速やかに検出することで, 基本的要求事項として**確実性・迅速性**および**選択性**がある.

高圧受電設備用の主な保護継電器には次のものがある.

(1) 電圧低下：不足電圧継電器
(2) 電圧上昇：過電圧継電器
(3) 過負荷：過電流継電器, 2E 継電器, 3E 継電器
(4) 短　絡：過電流継電器
(5) 地　絡：地絡過電流継電器, 地絡過電圧継電器, 地絡方向継電器

各種保護継電器選定のポイントは, **定格**, **構造**, **動作特性**や**制御電源の要否**などである. 保護継電器の定格例を**表 2・18** に示す.

表 2・18　保護継電器の定格例

種　類	①制御電源	②構造	③定　格	④整定値(動作値)	⑤時限特性(動作値)
過電流	DC タイプ/不要タイプ	固定形	5 A	(5 A 定格) I OC：2.0-2.5-3.0-3.5-4.0- 4.5-5.0-6.0- 12-14-16-18 A I INS：ロック-10〜80 A (5 A ステップ)	定限時特性 反限時特性 （普通反限時 　強反限時 　超反限時） 瞬時要素≦ 40 ms
		引出形			
		固定形		I OC：3.0-3.5-4.0-4.5-5.0- 6.0-8.0 A I INS：ロック-20〜60 A (10 A ステップ) I HDO：ロック-4〜16 A (1 A ステップ)	強反限時特性 瞬時要素≦ 40 ms
		引出形			
過電圧		固定形	110 V	110〜150 V (5 V ステップ)	定限時特性 0〜5.0 s
		引出形			
不足電圧		固定形	63.5/110 V 共用	35〜110 V (5 V ステップ)	定限時特性 0〜5.0 s
		引出形			

選定上の基本事項

① **制御電源** 保護継電器本体の電源であり，電源が必要なものと不要なものがある．システムの運用，重要度などにより，制御電源の有無を選定する．

② **構　造** 引出形と固定形がある．保護継電器の試験や交換時に設備の停止が困難な場合は，引出形を選定する．

③ **定　格** 計器用変成器の2次定格・3次定格を確認して選定するが，一般的には下記となる．

  変流器2次　　　　　：5Aまたは1A
  計器用変圧器2次　　：110V
  計器用変圧器3次　　：110Vまたは190V
  周波数　　　　　　　：50Hzまたは60Hz

④ **整定値（動作値）** 回路や機器を保護するために検出しなければならない値が，整定値（動作値）の範囲内にあることを確認して選定する．

⑤ **限時特性（動作値）** 限時特性は，整定値の動作時間を示す重要な特性である．保護協調で必要とされる時間特性を備えているか確認して選定する．

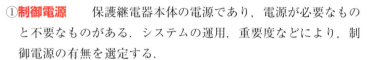

過電流継電器の保護協調

過電流継電器による保護協調（上位と下位の継電器間）に必要とされる動作時間差は，次式で表せる．

$R_1 = R_2 + B_2 + O_1 + \alpha$

R_1：上位側の継電器の動作時間，R_2：下位側の継電器の動作時間，B_2：下位側の遮断器の全遮断時間，O_1：上位側の継電器の慣性動作時間*，α：余裕時間（継電器のばらつきなどを考慮した時間）

＊ 誘導形は動作時間の40%，静止形は動作時間の10%を目安に設定する（JIS C 4602「高圧受電用過電流継電器」による）．

2.11 配線用遮断器

選定のポイント

フレームサイズ
同じ寸法のケースに収めることができる最大の定格電流値で呼ぶケースの大きさのことで，アンペアフレーム（AF）という．30，50，60，100，225，400〔AF〕〜5 000〔AF〕まで定義されている

配線用遮断器と漏電遮断器選定のポイントは，**定格電流**，**遮断容量**および**定格感度電流**（漏電遮断器の場合）などである．配線用遮断器の定格例を**表2・19**に，漏電遮断器の定格例を**表2・20**に示す．

なお，配線用遮断器の開閉耐久性能は，JISで規定されフレームサイズによって異なるが，電磁接触器と比べ開閉耐久回数が少ない．特に，電圧引外し装置や不足電圧引外し装置などの耐久回数は，開閉耐久回数合計の10%となっている．開閉頻度が多い場合は，電磁接触器を用いて回路構成する．

表2・19　配線用遮断器の定格例

フレームサイズ〔AF〕		30	50	60	100	125	225
①定格電流〔A〕（基準周囲温度40℃）		3, 5, 10, 15, 20, 30	10, 15, 20, 30, 40, 50	60	15, 20, 30, 40, 50, 60, 75, 100	125	125, 150, 175, 200, 225
②極　数		2, 3	2, 3	2, 3	2〜4	2〜4	2〜4
定格絶縁電圧〔V〕	AC	690	690	690	690	690	690
③定格遮断容量〔kA〕(sym)	AC 500 V	1.5	7.5	7.5	22	22	25
	AC 440 V	2.5	10	10	25	25	25
	AC 415 V	2.5	10	10	30	30	35
	AC 380 V	2.5	10	10	30	30	35
	AC 240 V	5	25	25	50	50	65

表2・20　漏電遮断器の定格例

フレームサイズ〔AF〕			50	100	225
相線式			1φ2W, 1φ3W, 3φ3W	1φ2W, 1φ3W, 3φ3W, 3φ4W	1φ2W, 1φ3W, 3φ3W, 3φ4W
極　数			3	3, 4	3, 4
定格電圧〔V〕			100-230-440 V 共用	100-240-440 V 共用	100-240-440 V 共用
①定格電流〔A〕（基準周囲温度40℃）			10, 15, 20, 30, 40, 50	15, 20, 30, 40, 50, 60, 75, 100	125, 150, 175, 200, 225
高速形	④定格感度電流〔mA〕		30 100/200/500 切替	30 100/200/500 切替	30 100/200/500 切替
	動作時間〔s〕以内		0.1	0.1	0.1
	③定格遮断容量〔kA〕(sym)	AC 440 V	10	25	25
		AC 415 V	10	30	35
		AC 240 V	25（AC 230 V 値）	50	65
		AC 100 V	25	50	65

選定上の基本事項

直流分係数
短絡事故直後の電流には直流分が含まれ，この直流分は回路のインピーダンス比（X/R）により決まり，時間とともに減少する（R：回路の抵抗，X：回路のリアクタンス）

① **定格電流**　規定の温度上昇限度を超えることなく連続して通電できる電流をいい，負荷容量から算出した電流以上を選定する．なお，電動機群用・インバータ回路用・コンデンサ用などは，メーカの技術資料や選定表などを参考として選定する．また，基準周囲温度を40℃と規定しているので，配電盤などに収納するときは温度補正をふまえた選定が必要となることがある．

② **極　数**　主回路の電気方式により，極数を選択する．単相2線：2極，単相3線・三相3線：3極，三相4線：4極．

③ **定格遮断容量**　変圧器二次直近で短絡電流を求め遮断容量を選定する．なお，配線用遮断器は，1/2サイクル遮断のため，短絡電流に含まれる直流分を，また電動機の寄与電流も考慮した短絡電流値で選定する．

④ **定格感度電流**　漏電遮断器の定格感度電流は，感電防止と漏電火災保護により選定が異なる．その選定基準を**表2・21**に示す．

表2・21　使用条件と感度電流，動作時間

	使用条件	感度電流〔mA〕			動作時間〔s〕
感電防止	電気設備技術基準および内線規程で高感度，高速形の使用を規定しているもの／労働安全衛生規則の適用を受けるもの	高感度形	15 30		0.1 以内
	機器の接地が行われている回路で，漏電時の感電を防止する場合．この場合，機器の接地抵抗値は，許容接触電圧50V以下として，右のとおりである	中感度形	接地抵抗 500 Ω以下 250 Ω以下 100 Ω以下	感度電流 100 200 500	0.1 以内
漏電火災保護	地絡事故に対し，幹線と分岐回路で地絡保護協調をとる場合	〔幹線〕中感度時延形	幹線	100 200 500	0.3 0.8 2
		〔分岐〕中感度高速形	分岐	100 200 500	0.1 以内

2.12 非常用発電設備

選定のポイント

自家発電装置選定には，**発電機，原動機の容量算定，回転数，電圧，発電機・原動機の特性や種類**など多くのポイントがある．ここでは，単線接続図作成に必要となる発電装置の容量，電圧，回転数と原動機選定概要を述べる．

発電機容量と電圧

発電機の定格の種類
JEC（電気規格調査会）で連続定格，短時間定格，等価連続定格，反復定格および非反復定格の5種類が定義されている．非常用発電設備の発電機は，連続定格が用いられる

発電機の定格電圧は，JEMで200V，220V，400V，440V，3 300Vおよび6 600Vとされている．発電装置の電圧は，電源を必要とする負荷群と電源系統構成をふまえて決定し，容量は，規格のランクから経済性などを考慮して選定する．なお，発電機容量ランクと電圧の関係は，**表2・22**に示すとおりである．

表2・22 発電機容量と定格電圧

定格出力		定格電圧〔V〕50/60 Hz	2極〔min⁻¹〕50/60 Hz	4極〔min⁻¹〕50/60 Hz	6極〔min⁻¹〕50/60 Hz	8極〔min⁻¹〕50/60 Hz
〔kVA〕	〔kW〕（力率0.8）					
20	16	200/220	3 000/3 600	1 500/1 800		
37.5	30					
50	40					
62.5	50					
75	60					
100	80					
125	100	400/440				
150	120					
200	160					
250	200					
300	240					
375	300					
500	400	3 300 または 6 600			1 000/1 200	750/900
625	500					
750	600					
875	700					
1 000	800					

原動機の選定

原動機は，ディーゼル機関とガスタービンなどの内燃機関が一般的である．その主な特徴を**表2・23**に示すが，設置環境や経済性をふまえて選定する．一般的に熱効率のよいディーゼル機関を用いた発電装置が多く使用されている．

原動機出力
原動機が単位時間当たりにする仕事率で，単位は〔W〕が用いられる．SI単位系切換え以前は〔PS〕が用いられていた．
1 PS＝735.5 W

表2・23　原動機の特徴

原動機 項　目	ガスタービン	ディーゼル機関	ガス機関
作動原理	連続燃焼している燃焼ガスの熱エネルギーを直接タービンにて回転運動に変換（回転運動）	断続燃焼する燃焼ガスの熱エネルギーをいったんピストンの往復運動に変換し，それをクランク軸で回転運動に変換（往復→回転運動）	
燃料消費率	300〜680 g/kWh	200〜300 g/kWh	9 200〜13 400 kJ/kWh （2 200〜3 200 kcal/kWh）
使用燃料	灯油，軽油，A重油，天然ガス，都市ガス（プロパン）	軽油，A重油 （B重油，C重油，灯油）	天然ガス，都市ガス，プロパン（LPG），消化ガス
瞬時負荷投入率	一軸形の場合は100％投入可能 二軸形の場合は70％投入	無過給の場合は100％投入可能 過給機の場合は70％投入 高過給機の場合は50％投入	理論混合比燃焼の場合は50％投入 希薄燃焼の場合は30％投入
始動時間〔s〕	20〜40	5〜40	10〜40
NO$_x$量など〔ppm〕	10〜150（O$_2$濃度16％）	500〜950（O$_2$濃度13％）	10（三元触媒付）〜300（O$_2$濃度0％）
冷却水	不　要	要	要
出力範囲〔kW〕	200〜10 000	10〜8 000	10〜6 000

COLUMN

非常用発電設備の分類

高圧受電設備などに設置される非常用発電設備は，防災用と保安用に区分されている．

非常用（保安用）　商用電源が停電したとき，重要負荷に必要最低限の電力を確保する．

非常用（防災用）　商用電源が停電したとき，消防法や建築基準法により設置される消防用設備などの電力を確保する．

COLUMN

SI単位

単位は，国際化にともないMKS単位系よりSI単位系に変更され，JIS Z 8000として制定されている．

SI単位は，基本単位と組立単位で構成され，基本単位は**表2・24**に示すとおり七つの基本単位を基礎としている．

組立単位の一部を**表2・25**に示すが，基本単位を組み合わせて代数的に表すもので，数学における乗除法の記号を用いて組み立てるとされている．

表2・24 基本単位

基本量	SI基本単位	
	名称	記号
長さ	メートル	m
質量	キログラム	kg
時間	秒	s
電流	アンペア	A
熱力学温度	ケルビン	K
物質量	モル	mol
光度	カンデラ	cd

表2・25 固有の名称をもつSI組立単位

組立量	SI組立単位		
	固有の名称	記号	SI基本単位およびSI組立単位による表し方
平面角	ラジアン	rad	$1\,rad = 1\,m/m = 1$
立体角	ステラジアン	sr	$1\,sr = 1\,m^2/m^2 = 1$
周波数	ヘルツ	Hz	$1\,Hz = 1\,s^{-1}$
力	ニュートン	N	$1\,N = 1\,kg \cdot m/s^2$
圧力，応力	パスカル	Pa	$1\,Pa = 1\,N/m^2$
エネルギー，仕事，熱量	ジュール	J	$1\,J = 1\,N \cdot m$
パワー，放射束	ワット	W	$1\,W = 1\,J/s$
電荷，電気量	クーロン	C	$1\,C = 1\,A \cdot s$
電位，電位差，電圧，起電力	ボルト	V	$1\,V = 1\,W/A$
静電容量	ファラド	F	$1\,F = 1\,C/V$
電気抵抗	オーム	Ω	$1\,\Omega = 1\,V/A$
コンダクタンス	ジーメンス	S	$1\,S = 1\,\Omega^{-1}$
磁束	ウェーバ	Wb	$1\,Wb = 1\,V \cdot s$
磁束密度	テスラ	T	$1\,T = 1\,Wb/m^2$
インダクタンス	ヘンリー	H	$1\,H = 1\,Wb/A$
セルシウス温度	セルシウス度*	℃	$1\,℃ = 1\,K$
光束	ルーメン	lm	$1\,lm = 1\,cd \cdot sr$
照度	ルクス	lx	$1\,lx = 1\,lm/m^2$

* セルシウス度は，セルシウス温度の値を示すのに使う場合の単位ケルビンに代わる固有の名称である．

3章

単線接続図の構成

　単線接続図は，図記号や文字記号などを用いて電気回路の接続と機能を1本の線で表現した系統図である．高圧受電設備単線接続図は，その設備の規模・機能などの全体像が掌握できるように作成する必要がある．したがって，単線接続図を作成する（あるいは読む）ためには，単線接続図の構成，記載されるべき情報などを知らなければならない．さらに高圧受電設備では法規，ガイドラインなどで定められている事項もある．これらを考慮し，単線接続図をどのように構成したらよいかについて述べる．

3.1 単線接続図のかき方

単線接続図作成のポイント

受電設備容量
高圧受電の受電設備容量とは受電電圧で使用する変圧器,電動機などの機器容量〔kVA〕の合計をいう

高圧受電設備の単線接続図は,機器の接続を表したものであるが,**その設備全体の機能も表現している**.計画された高圧受変電設備の単線接続図は機能,目的,運用および関連法規などに留意し,図記号や文字記号により作成する.単線接続図の作成のポイントを下記に示す.

① 受電点の引込方式を決定する.
② 保安上の責任分界点を決定する.
③ 主回路機器の回路上の配置を決定する(区分開閉器,遮断器,避雷器,変圧器の台数など).
④ 保護回路を決定する(過電流保護,地絡保護など).
⑤ 計測回路を決定する(受電電圧,受電電流,受電電力,力率など).
⑥ 機器の種類,定格事項および複数の機器はその個数などを記入する.
⑦ 機器の器具番号(デバイス番号)を記入する.
⑧ 各種接地線を明確にする.
⑨ 図面に使用されている文字記号,図記号などを凡例で解説する.

標準的な単線接続図例を**図 3・1** に示す.

COLUMN

高圧受電設備

高圧受電設備とは,高圧の電路で電気事業者(電力会社など)の電気設備と直接接続されている設備であって,区分開閉器,遮断器,負荷開閉器,保護装置,変圧器,避雷器,進相コンデンサなどにより構成される電気設備をいう.

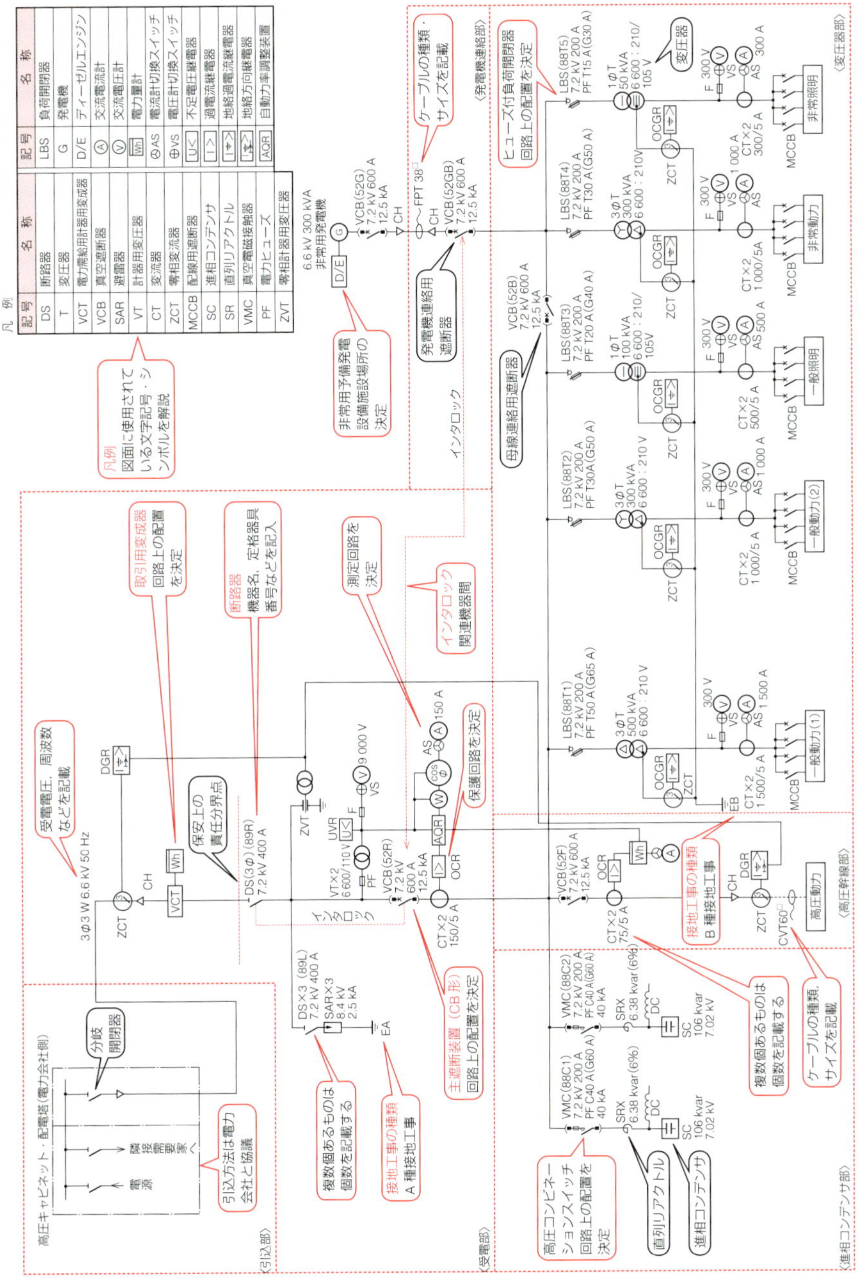

記号	名称	記号	名称
DS	断路器	LBS	負荷開閉器
T	変圧器	G	発電機
VCT	電力需給用計器用変成器	D/E	ディーゼルエンジン
VCB	真空遮断器	Ⓐ	交流電流計
SAR	避雷器	Ⓥ	交流電圧計
VT	計器用変圧器	Wh	電力量計
CT	変流器	⊖AS	電流計切換スイッチ
ZCT	零相変流器	⊕VS	電圧計切換スイッチ
MCCB	配線用遮断器	U<	不足電圧継電器
SC	進相コンデンサ	I>	過電流継電器
SR	直列リアクトル	I⏚>	地絡過電流継電器
VMC	真空電磁接触器	I⏚>	地絡方向継電器
PF	電力ヒューズ	AQR	自動力率調整装置
ZVT	零相計器用変圧器		

図 3・1　高圧受電設備単線接続図例

3.2 引込部の単線接続図

電気事業者（電力会社など）からの引込みには，架空線および地中ケーブルがある．いずれの場合も，保安点検の際に電気事業者との電路を区分するために区分開閉器の施設が必要となる．

架空引込みの単線接続図

架空引込線
架空電線路の支持物からほかの支持物を経ないで需要場所の引込線取付け点に至る架空電線

① **区分開閉器の施設場所** 区分開閉器は構内1号柱に施設する．専用の分岐開閉器が施設される場合は，受電設備側に施設する．

② **区分開閉器** 区分開閉器には地絡継電装置付高圧交流負荷開閉器（G付PAS）を使用する．G付PASが施設されない場合は，受電設備側に地絡遮断装置を施設する．

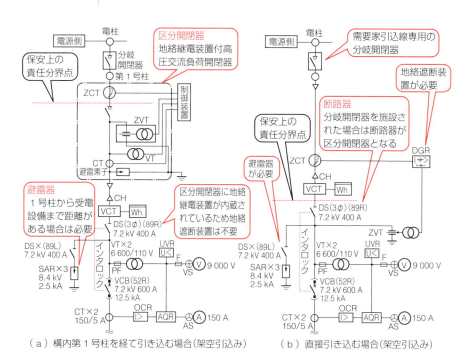

(a) 構内第1号柱を経て引き込む場合(架空引込み)　　(b) 直接引き込む場合(架空引込み)

図3・2　架空引込み時の単線接続図例

3.2 ●引込部の単線接続図

地中引込みの単線接続図

地中引込線
地中電線路の配電塔，架空電線路の支持物などから直接需要場所に至る地中電線

① **区分開閉器の施設場所** 区分開閉器は高圧キャビネット内に施設する．専用の分岐開閉器が施設される場合は，受電設備側に施設する．

② **区分開閉器** 区分開閉器には地絡継電装置付高圧交流負荷開閉器（G付PAS）を使用する．G付PASが施設されない場合は，受電設備側に地絡遮断装置を施設する．

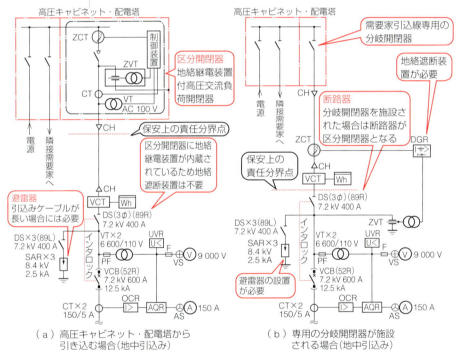

図3・3 地中引込み時の単線接続図例

―― COLUMN ――

保安上の責任分界点

保安上の責任分界点とは，自家用電気工作物設置者（需要家）と電気事業者（電力会社など）の保安上の責任範囲を設定する箇所をいう．保安上の責任分界点は需要家の構内に設置する．

3.3 受電部の単線接続図

受電部の単線接続図

受電部は電気事業者からの引込部となり，電気事業者との事前協議をふまえ，下記を考慮のうえ単線接続図を作成する．

① **主回路機器の施設場所**　受電点から順に取引用変成器，断路器，遮断器（主遮断装置）を施設する．主遮断装置には**表3・1**に示す種類がある．避雷器は受電点に近い場所に施設する．

② **計測回路・保護回路**　計測および保護回路用計器用変圧器を遮断器の一次側へ，変流器を遮断器の二次側へ施設する．

③ **インタロック**　断路器と遮断器とのインタロックを記入する．

図**3・4**に受電部の単線接続図例を示す．

インタロック
機器の誤動作防止または安全のため，関連装置間に電気的または機械的に連絡をもたせたシステム，一方の開閉器が投入状態のとき，他方の開閉器は投入できない

表3・1　主遮断装置の比較

種類	CB形	PF・S形
方式	ZCT, VCT, DS, DS, SAR, ZVT, CB, CT, OCR, AS, DGR 変圧器，コンデンサ設備などへ至る	ZCT, VCT, LBS PF付, DS, SAR, GR 変圧器，コンデンサ設備などへ至る
特徴	主遮断装置として遮断器を用い，過電流継電器，地絡継電器などと組み合わせて，過負荷，短絡，地絡などの故障保護を行う	・限流ヒューズと負荷開閉器を組み合わせて保護する ・過負荷，地絡保護を必要とする場合は，引外し装置付の負荷開閉器を使用する ・キュービクル式高圧受電設備など比較的小容量（受電容量300 kVA以下）の単純簡易な設備に適用される

3.3 受電部の単線接続図

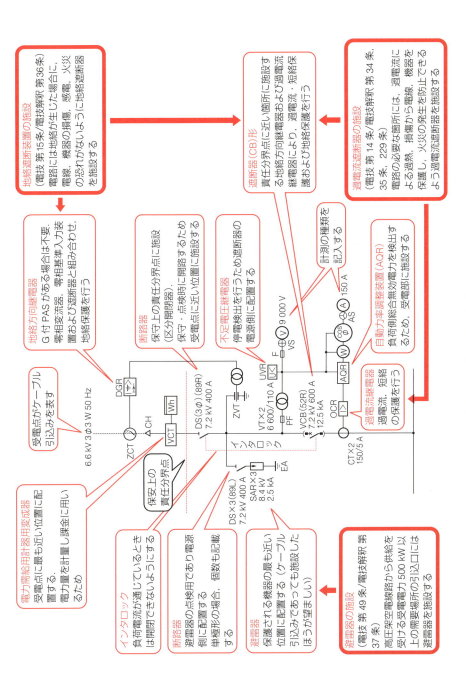

図 3・4 受電部の単線接続図例

3.4 配電部の単線接続図

受電部から負荷設備へ分岐する配電部は，変圧器，進相コンデンサおよび高圧幹線などに区分できる．

変圧器部の単線接続図

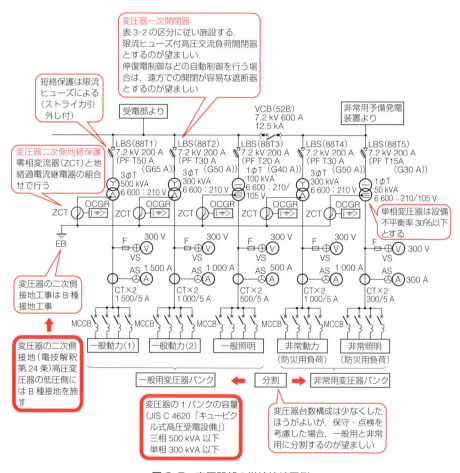

図3・5 変圧器部の単線接続図例

3.4 配電部の単線接続図

ストライカ引外し装置
ヒューズが動作したとき，他器具（表示器など）を動作させるか，もしくはインタロックをとるためにエネルギーを放出するように，ヒューズリンクに設けられた機械的な装置

変圧器設備を構成する変圧器部は，変圧器台数を少なくして系統構成を簡素にするのがよいが，負荷の種類（電圧・相数など），用途，保守時の対応などをふまえ，**一般負荷用と非常用負荷に分類するのが望ましい**．変圧器の構成は，できる限り三相が平衡となるようにする．設備不平衡率は，高圧受電設備規程では30％以下とされている．変圧器への分岐回路には，**表3·2**の区分に従い開閉装置を設ける．変圧器の保護を考慮し，限流ヒューズ付高圧交流負荷開閉器とするのが望ましい．**図3·5**に変圧器部の単線接続図例を示す．

表3·2　変圧器一次開閉装置

機器種別	開閉装置		
変圧器容量	遮断器（CB）	高圧交流負荷開閉器（LBS）	高圧カットアウト（PC）
300 kVA 以下	○	○	○
300 kVA 超過	○	○	×

○は施設できる，×は施設できない

> **COLUMN**

設備不平衡率

設備不平衡率は以下の式で表す．

$$\text{設備不平衡率} = \frac{\text{各線間に接続される単相変圧器総容量の最大最小の差}}{\text{総変圧器容量} \times (1/3)} \times 100\%$$

計算例　図3·5を例に実際に計算してみる．

三相変圧器容量　$500 + 300 + 300 = 1\,100$ kVA

単相変圧器容量（R-S）分 $= 100$ kVA，（S-T）分 $= 50$ kVA，（T-R）分 $= 0$ kVA

総変圧器容量　$1\,100 + 150 = 1\,250$ kVA

単相変圧器総容量の最大最小の差

$100\text{(R-S)} - 0\text{(T-R)} = 100$ kVA

$$\text{設備不平衡率} = \frac{100}{(1\,250/3)} \times 100 = 24\% < 30\%$$

進相コンデンサ部の単線接続図

高圧交流電磁接触器の開閉頻度
開閉頻度は 600 〜 6 回 / 時まで 5 段階に区別され規定されている

進相コンデンサ部は進相コンデンサ，直列リアクトル，放電コイルおよび 1 次開閉器から構成される．下記に留意し単線接続図を作成する．

① **進相コンデンサの容量**　　300 kvar を超過した場合は 2 バンク以上に分割を行う．

② **進相コンデンサの一次開閉器**　　表 3・3 の適用区分に従い施設する．自動力率調整装置（AQR）などで進相コンデンサを自動で開閉するような場合は開閉頻度が多くなるため，開閉寿命の長い高圧真空電磁接触器とするのが望ましい．

表 3・3　進相コンデンサ開閉装置の適用区分

機器種別	開閉装置			
進相コンデンサの定格設備容量	遮断器（CB）	高圧交流負荷開閉器（LBS）	高圧カットアウト（PC）	高圧真空電磁接触器（VMC）
50 kvar 以下	○	△	△	○
50 kvar 超過	○	△	×	○

△：施設できるが，進相コンデンサの定格設備容量を運用上変化させる必要がある場合には，遮断器（CB）もしくは，高圧真空電磁接触器（VMC）の採用を推奨

直列リアクトルの最大許容電流
リアクトル回路に高調波電流を含む場合，リアクトルに支障を生じないで使用できる合成電流の実効値の限度

③ **直列リアクトル**　　高調波電流による障害防止および開路の開閉による突入電流抑制のため進相コンデンサの電源側に配置する．直列リアクトルは許容電流種別Ⅱが望ましい．表 3・4 に最大許容電流種別を示す．

④ **進相コンデンサ回路開閉後**　　残留電荷を放電させる放電コイルを，進相コンデンサの電源側に配置する．

表 3・4　直列リアクトル最大容量電流種別

許容電流種別	Ⅰ	Ⅱ
最大許容電流（定格電流比）	120%	130%
第 5 調波含有率（基本波電流比）	35%	55%

図 3・6 に進相コンデンサ部の単線接続図例を示す．

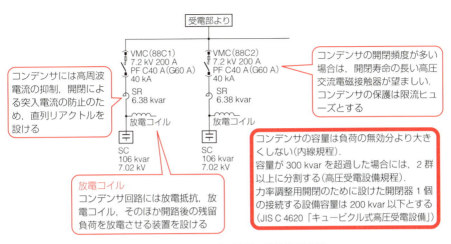

図3・6 進相コンデンサ部の単線接続図例

高圧幹線および発電機連絡部の単線接続図

高圧幹線部の単線接続図　**高圧幹線**の分岐回路は，負荷機器およびケーブルなどの保護を行うための遮断装置を配置する．変流器，過電流継電器および地絡方向継電器と組み合わせ，過電流・短絡および地絡保護を行う場合はCB形が望ましい．PF・S形の場合は，高圧電動機への引出しを行わない．

非常用発電設備連絡ケーブル
非常用予備発電設備と受電設備側との連絡用ケーブルは耐火（FP）ケーブルとする

発電機連絡部の単線接続図　**非常用発電設備**がある場合は，発電機連絡用遮断器を配置し常用電源側（一般負荷）へ非常用発電設備から電気的に接続しないようにインタロックを施す．インタロックは，常用電源側受電遮断器または母線連絡遮断器と発電機連絡遮断器で構成することが多い．非常用発電設備は常用電源停電時に自動始動を行い，防災用負荷に電源を供給する．非常用発電設備は一般に防災用負荷分の容量しかもっていないため，一般負荷と分割する母線連絡遮断器を配置することもある．非常用発電設備の自動始動用信号は，受電部に施設している不足電圧継電器で行う．

図3・7に非常用発電設備の自動始動フローチャートを，**図3・8**

に高圧幹線および発電機連絡遮断器部の単線接続図例をそれぞれ示す．

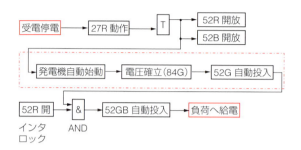

図3・7　非常用発電受電の自動始動フローチャート

COLUMN

放電コイル

　進相コンデンサ回路を開放すると，コンデンサ内部に残留電荷が残り危険なため，開放後の残留電荷を放電させる装置として放電抵抗や放電コイルを配置する．放電抵抗は進相コンデンサに内蔵されている例が多く，回路開放後5分以内にコンデンサ電圧を50 V以下にする．放電コイルは回路開放後5秒以内に50 Vにする．自動力率調整装置（AQR）などで進相コンデンサを自動で開閉する場合は，開閉頻度が多くなるため，短時間で残留電荷を放電できる放電コイルが望ましい．

非常電源の種類

　電源を必要とする消防設備（屋内消火栓ポンプ，スプリンクラー設備など）には，常用電源が遮断された場合でも有効に作動するように，非常電源の付置が消防法で義務づけられている．
　非常電源の種類は消防法施行規則により
　①非常電源専用受電設備
　②自家発電設備
　③蓄電池設備
　④燃料電池設備
の4種類がある．

3.4 ●配電部の単線接続図

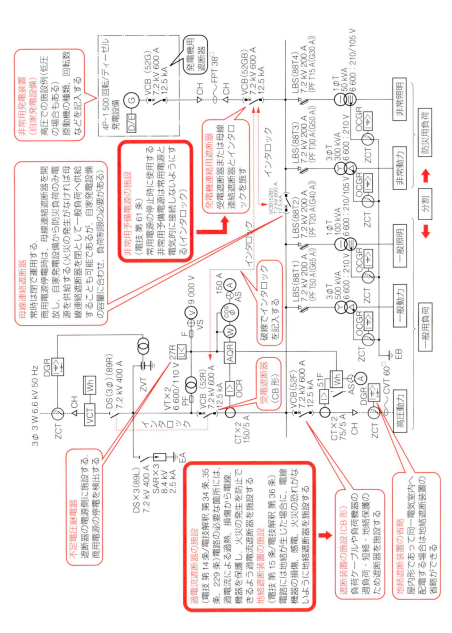

図3・8 高圧幹線および発電機連絡部の単線接続図例

3.5 系統連系時の単線接続図

系統連系時の単線接続図

系統連系
系統連系とは自家用発電設備を商用電源に接続して運用している状態をいう

系統連系を行う場合は，供給信頼度および電力品質の面で電気事業者やほかの需要家へ悪影響を及ぼさないようにしなければならない．**連系時には，需要家構内事故や系統側事故に対する保護回路が必要となる**．以下に単線接続図作成時のポイントを述べる．

① **停電や事故時に自動的に連系を解列する遮断器を決定**　解列遮断器は受電遮断器，発電機遮断器，発電機連絡遮断器および母線連絡遮断器から選定する．解列遮断器により，構内での影響が異なるため，それぞれ検討が必要となる．**表3・5**に解列遮断器による構内系統への影響を示す．

② **系統連系に必要な保護継電器を配置**　系統連系に必要な保護継電器には，構内事故保護用として過電圧継電器，不足電圧継電器があり，系統側保護用として地絡過電圧継電器，周波数低下継電器，不足電力継電器，短絡方向継電器，逆電力継電器がある．これらを受電点その他故障の検出が可能な場所に配置する．

③ **受電点に転送遮断装置または単独運転検出装置を施設**（逆潮流のある連系の場合）

表3・5　解列箇所による構内系統への影響

解列遮断器	解列時の状態	構内系統への影響
受電遮断器 (52 R)	発電設備と構内全体負荷を接続した状態で運転	・発電機の出力容量が構内全体負荷へ供給可能である場合以外は，構内全体の停電となる ・系統側の受電には，52 Rの再投入(同期検定後)が必要
発電機連絡遮断器 (52 GB)	発電設備と発電機補機のみを接続した状態で運転	・発電設備は運転継続可能である ・系統側は引き続き受電が可能である
母線連絡遮断器 (52 B)	発電設備と構内の一部の負荷を接続した状態で運転	・解列後，発電設備に接続されたままの負荷が発電設備に見合う容量であれば，発電設備は運転継続可能となる ・系統側は引き続き受電が可能である
発電機遮断器 (52 G)	発電設備と発電機補機のみを接続した状態で運転	・発電設備は運転継続可能である ・系統側は引き続き受電が可能である

3.5 系統連系時の単線接続図

逆潮流
自家用発電設備の電力が，電気事業者（電力会社など）の配電線に流れ込むことをいう

図3・9に逆潮流なし，線路無電圧確認装置なしで高圧受電設備と系統連系を行う場合の単線接続図例を示す．解列遮断器は発電機遮断器（52 G）および発電機連絡遮断器（52 GB）を選定した．

なお，太陽光発電設備などの分散電源における接続図は，5・7項（図5・18）に示す．

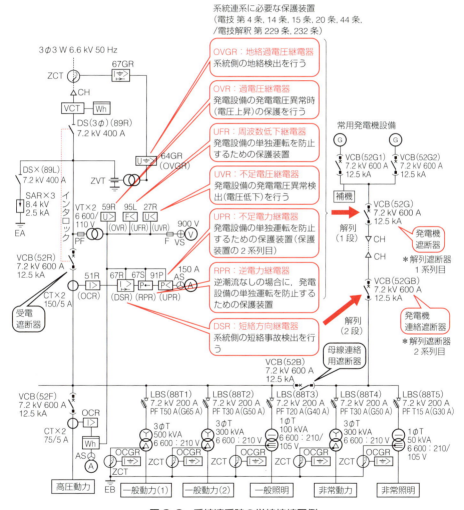

図3・9　系統連系時の単線接続図例

3.6 接　　地

接地線を入れた単線接続図

接地抵抗
接地された導体と大地間の抵抗．接地された導体に交流試験電圧を印加し，そのときの導体の電位上昇を試験電流で割った値

迷走電流
各種の電気機器などから漏えいして流れる電流で，正規回路以外のところを流れるものをいう

　単線接続図に**接地線**を記入するうえで，接地工事の目的，種類などを知っておく必要がある．接地工事の種類を**表3・6**に示す．単線接続図に接地線を記載するときは，①接地工事の種類をすべて洗い出し，接地端子盤にその種別を記載する，②接地工事種別に引出しを行い，工事別に接地端子盤へ接続するなどの点に留意する．

　A種接地工事　　避雷器は単独でA種接地工事の接地極へ接続する．各高圧機器の鉄台，外箱の接地線を引き出し，一括でA種接地工事の接地極へ接続する．

　B種接地工事　　変圧器の2次側中性点または1線を引き出し，B種接地工事の接地極へ接続する．

　図3・10に接地線を入れた単線接続図の例を示す．

表3・6　接地工事の種類

接地工事の種類	接地工事の場所	関連する電技解釈
A種接地工事	高圧電路の施設する避雷器にはA種接地工事を施す	第42条　避雷器の接地
	電路に施設する機器の鉄台および金属製外箱には接地工事を施す高圧用のもの：A種接地工事	第29条　機械器具の鉄台及び外箱の接地
B種接地工事	高圧変圧器の低圧側の中性点にはB種接地工事を施す中性点に接地工事を施し難い場合は，使用電圧が300V以下の場合において，低圧側の1端子に施す	第24条　高圧又は特別高圧と低圧の混触による危険防止施設
	混触防止板付変圧器においては混触防止板にB種接地を施すことにより2次側を非接地とすることができる（2次側を非接地で使用したい場合など）	第24条　混触防止付き変圧器に接続する低圧屋外電線路の施設等
C種接地工事	電路に施設する機器の鉄台および金属製外箱には接地工事を施す300Vを超える低圧用もの：C種接地工事	第29条　機械器具の鉄台及び外箱の接地
D種接地工事	電路に施設する機器の鉄台および金属製外箱には接地工事を施す300V以下のもの：D種接地工事	第29条　機械器具の鉄台及び外箱の接地
	高圧計器用変成器の2次側電路にはD種接地を施す	第28条　計器用変成器の2次側電路の接地

3.6 接地

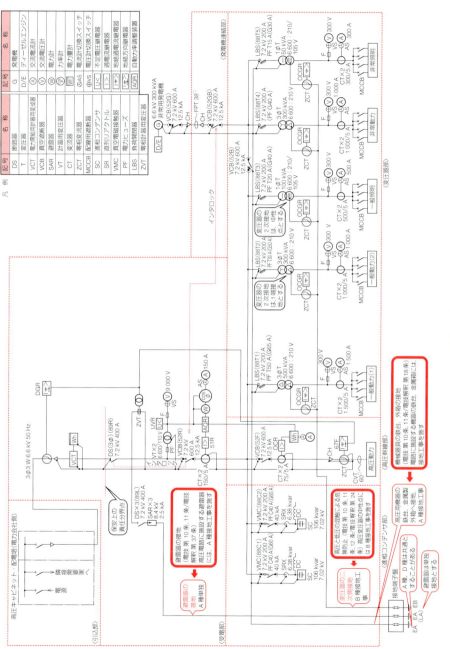

図3・10

> COLUMN

高圧受電設備に関する主な法規・規程類

電気設備に関する技術基準を定める省令　電気事業法に基づく法律の一つとして，電気保安の確保のための基礎となる．この省令では保安上必要な性能だけで基準を定め，当該性能を実現するための具体的な手段，方法などを規定していない．そこで「電気設備技術基準・解釈」が制定され，この解釈に適合していれば技術基準にも適合しているとしている．

高圧受電設備規程（JEAC 8011）　高圧受電設備の電気事故およびそれに起因する系統波及事故を防止することを目的とし，設計・施工および保守点検などの民間規格として制定された．省令や解釈に定められていることを規定し，具体的に適用するための技術要件を解説している．従来の高圧受電設備指針が改定されたものである．

キュービクル式高圧受電設備（JIS C 4620）　需要家が電気事業者などから受電をするために用いられるキュービクル式高圧受電設備で，公称電圧 6.6 kV，周波数 50 Hz または 60 Hz で系統短絡電流 12.5 kA 以下の回路に用いる受電設備容量 4 000 kVA 以下のキュービクルについて規定されている．

電力品質確保に係る系統連系技術要件ガイドライン　需要家設備において発電設備を併設し，系統連系を行うためのガイドライン．発電機の故障や，系統側事故時に，事故範囲の局限化などを行うための技術要件を定めて，解説している．

系統連系規程（JEAC 9701）　分散型電源の系統連系関係のシステム構築に関する協議を円滑に進められるよう「電気設備の技術基準の解釈」および「電力品質確保に係る系統連系技術要件ガイドライン」の内容をより具体的に示したものである．なお本規程は，従来の「分散型電源系統連系技術指針（JEAG 9701）」を改定したものである．

内線規程（JEAC 8001）　電気工作物の工事，維持および運用について定めている．主体は低圧設備であるが高圧受電設備に関する項目もある．電気事業者から直接高圧で受電する場合の高圧受電設備および高圧で電気を使用する場合の電気設備の施設に適用．電技や電技解釈を引用し，解釈に定められた内容をより具体的に定めている．

4章

単線接続図から3線接続図への変換

電気系統の全体的な把握のために,単線で表現した図面が単線接続図である.この単線接続図をもとに,受電設備の製作に便利にわかりやすく表現した図面が複線図であり,3線接続図とも呼ばれる.

単線接続図から3線接続図への変換を,電気系統の各部に分類し,見方・かき方について説明する.

4.1 単線接続図と3線接続図の相違

3線接続図の目的

単線接続図は電気系統の全容を簡潔に表現し，電気設備の全体的な把握に便利なように，単線で表現したものである．

これに対し**3線接続図は，単線接続図に表現された主回路機器の接続，計器用変成器の二次回路，三次回路，計器，保護継電器などの接続を具体的に複線化し表現したもの**である．その結果，機器や器具の極性，位相関係，相変換，接地場所，試験用端子，ヒューズなどの接続場所を具体的に知ることができる．

3線接続図のかき方

単線接続図から3線接続図をかくには，単線図用図記号に対応す

表4・1 単線接続図と3線接続図の図記号一例

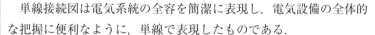

文字記号

自家用電気設備の文字記号は，英文名の頭文字を大文字で列記することを原則として表示する
例）VCB：真空遮断器(Vacuum Circuit Breaker)，T：変圧器（Transformer）

制御器具番号

制御機器に定められた固有の番号で，1～99までの数字で表され，JEM 1090（制御器具番号）により規定されている
例）3：操作スイッチ，52：交流遮断器

る複線図用図記号を選択し，単線接続図に従って表現することになる．単線接続図と3線接続図の図記号の一例を**表4・1**に示す．

単線接続図に記入した**文字記号**または**制御器具番号**は，3線接続図でもそのまま使用する．ただし，単線接続図では一つの図記号で表現された機器や器具でも，3線接続図では複数個で表現するものも出てくる．この場合，文字記号または制御器具番号は必要に応じて個別の機器が識別できるように，補助番号などと組み合わせた記号を記入する．

3線接続図は，回路を具体的に示すので線の数が多くなるが，回路の動作と機能の理解を容易にするため，**できるだけ読みやすくかかなければならない**．具体的には，図記号間を結ぶ線は，できるだけ折れ曲がりが少なくなるように機器の図記号配置や器具間隔を決める．また，図記号間を結ぶ線がクロスするなどの場合は，見誤りが生じないようにしなければならない．

相による配置

交流の相および直流の極性による図面上の線の配置は，**JEM 1134**（交流の相および直流の極性による器具および導体の配置と色別）を準用して統一を図る（**表4・2**，**表4・3**）．この規格は，配電盤の器具や導体の配置を規定したもので3線接続図や展開接続図上の線の配置には触れていないが，このルールを準用して3線接続図・展開接続図を作成すれば読みやすい図面ができる．本章ではこれに基づいて図面を作成する．

表4・2 交流の相による図面上の線配置

回路	交流の相による図面上の線配置	
	左右の場合	上下の場合
三相回路	（左から）第1相，第2相，第3相，中性相	（上から）第1相，第2相，第3相，中性相
単相回路	（左から）第1相，中性相，第2相	（上から）第1相，中性相，第2相

表4・3 直流の極性による図面上の線配置

直流の極性による図面上の線配
左右の場合（左から）負極（N），正極（P）
上下の場合（上から）正極（P），負極（N）

4.2 受電部の単線接続図から3線接続図への変換

3線接続図のかき方

計器用変成器
変流器，零相変流器，計器用変圧器，接地形計器用変圧器などを総称して計器用変成器という

受電部の単線接続図には主回路機器としての断路器，遮断器，避雷器，計器用変成器，保護継電器としての不足電圧継電器，過電流継電器，計測器具としての電圧計，電流計，電力計，力率計など多数の機器および器具が存在する．これらの機器や器具の接続が，実態に即してわかりやすいように単線接続図から3線接続図へ設計する必要がある．また，単線接続図に表示されていない試験用端子，保護用ヒューズなどの接続も必要である．

3線接続図では，主回路機器や器具の端子を明示し，実際の接続順序に従い表示する．なお，この場合，器具の端子配列は必ずしも実際の器具の端子配列と一致しないので注意が必要である．

単線接続図

受電部の単線接続図を図4・1に示す．

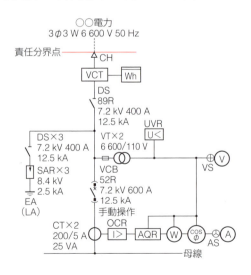

図4・1　単線接続図

3 線 接 続 図

図 4・1 を 3 線接続図に変換した場合の接続図を **図 4・2** に示す．

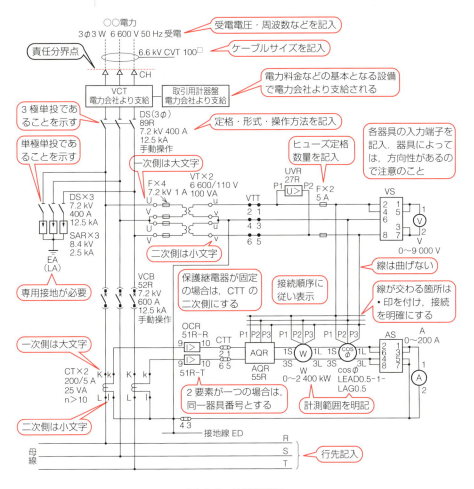

図 4・2　3 線接続図

保護継電器のかき方

保護継電器には，電圧入力と電流入力の単一入力の継電器と電圧・電流の両方を入力する電力タイプの継電器がある．また，単相形，

三相形などの保護継電器もある．

　これらの保護継電器に対し，3線接続図ではそれらの継電器が図面上で正確にわかるようにかくことが必要となる．

　図4・2において変流器二次側の過電流継電器51Rはそれぞれ二つの器具が識別できるように個別に番号を付けておかないと，展開接続図をまとめるうえでも，器具を使用するうえでも不便である．このため，51R-R，51R-Tとそれぞれ個別の文字記号を付ける必要がある．ただし，2要素（R相，T相）が同じケースに収納されている場合は器具が分離できないので，3線図上は複数の器具でも同一の文字記号を付ける．

　また，計器用変圧器二次側の不足電圧継電器は，単相形1台である．この場合R-S相間，S-T相間，T-R相間の3通りが考えられるが，T-R相間に入れる場合が多い．

計測器具のかき方

三相平衡状態
電流や電圧において位相角差がそれぞれ120°あり，大きさが同一の状態

　三相回路の場合，2個の変流器，計器用変圧器をV接続することで経済的に三相分を計測することが可能となる．変流器を例に説明すると三相平衡状態では

$$iR_2 + iS_2 + iT_2 = 0$$
$$iS_2 = -(iR_2 + iT_2)$$

の関係からS相の電流を計測することが可能となる．

　電圧や電流の各相を計測するには，計測数に応じた電圧計や電流計を必要とする．しかし，計測用切換スイッチを使用することにより，一つの電圧計または電流計で各相の値を計測することができ経済的となる．電圧計用切換スイッチ，電流計用切換スイッチの接続図およびスイッチのポジションを**図4・3**に示す．

変流器の端子記号
一次端子をK・L，二次端子をk・l，三次端子をg・hとしたとき，K・k・gあるいはL・l・hで各誘導起電力の同一方向を表している

　電力計，力率計，電力量計などは単相器や三相器がある．これらの計器は，相順を正しく入力端子に記入しなければならない．入力相を間違えると，本来の機能を発揮できないので注意が必要である．

4.2 受電部の単線接続図から3線接続図への変換

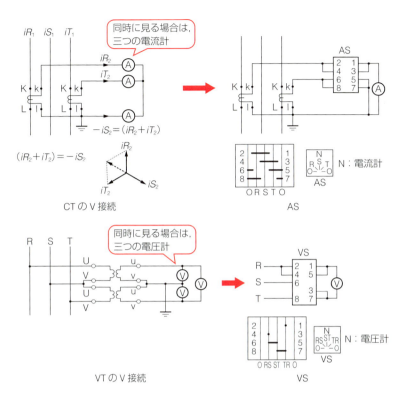

図4・3 変流器・計器用変圧器の計測接続

<COLUMN>

試験用端子

　試験用端子は，計器用変成器の二次側回路に接続される計器および継電器類の目盛りの校正，動作試験などを行う場合に，その対象機器の配線を取り外すことなく行えるように設ける．

　試験用端子は計測回路に設けるのが基本であるが，零相変流器の二次回路には設けない場合が多い．

4.3 母線部の単線接続図から3線接続図への変換

3線接続図のかき方

母線部の3線接続図は，主に計器用変圧器（VT, EVT）の二次回路，三次回路の接続，零相基準入力装置の接続が主要である．

零相基準入力装置
コンデンサ分圧を利用した装置で，主に高圧地絡電圧の検出に使用される．一般にZVTと呼ばれる

計器用変圧器の二次回路，三次回路で注意する内容は，① 二次回路，三次回路は，危険防止のため1線を接地する，② 接地は1か所で行う，③ 接地相はヒューズを入れない，④ 保護継電器回路の前はヒューズを入れない，⑤ 計器回路はヒューズを入れる，⑥ 短絡回路を構成しない，の六つである．

一般に，保護継電器の場合は系統の保護機能を優先し，ヒューズの誤溶断時の不要動作または動作必要時の不動作を考慮してヒューズの前に保護継電器を入れている．

高圧受電で零相基準入力装置とVTの組合せにより母線部を構成した場合と，特別高圧受電などで母線部に接地形計器用変圧器（EVT）を採用した場合の単線接続図と3線接続図についての例をそれぞれ示す．

単線接続図

母線部の単線接続図を**図4・4**に示す．

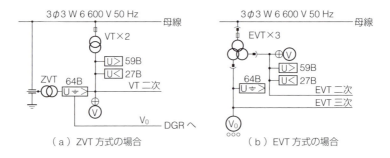

図4・4　単線接続図

4.3 ● 母線部の単線接続図から3線接続図への変換

3 線 接 続 図

図4・4を3線接続図に変換した場合の接続図を**図4・5**に示す．

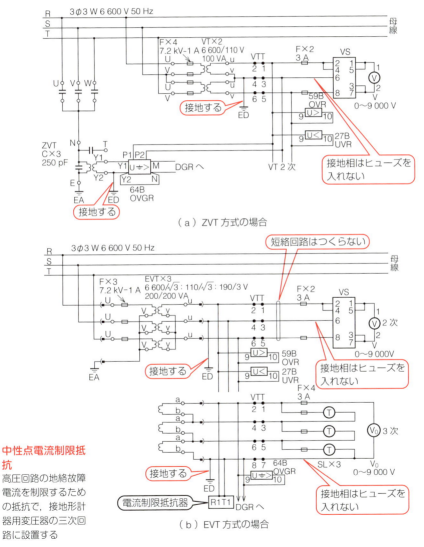

(a) ZVT方式の場合

(b) EVT方式の場合

中性点電流制限抵抗
高圧回路の地絡故障電流を制限するための抵抗で，接地形計器用変圧器の三次回路に設置する

図4・5　3線接続図

4.4 高圧配電部の単線接続図から3線接続図への変換

3線接続図のかき方

高圧配電部の3線接続図は，主に変流器(CT)，零相変流器(ZCT)の二次回路の接続が主要となる．

変流器，零相変流器で注意が必要なことは，次のとおりである．

① 二次回路は，危険防止のため1線を接地する．
② 接地は1か所で行う．
③ ヒューズは入れない．
④ 開放回路を構成しない．

一般に，三相回路の場合は二つのCTをV接続することで三相分を計測することが可能である．V接続のCT二次回路は，S相を接地する．

零相変流器は，ケーブル貫通形が多く採用されている．この場合，ケーブルのシールド接地箇所は，引込用ケーブル，引出用ケーブルのいずれの場合も原則としてケーブル1本（三相分）につき1か所とする．また，**シールド接地線は，ZCTの貫通の方法により地絡事故の検出方向が正反対となる**ので注意が必要である．

> **残留回路**
> 3CTの場合，各相の変流器二次を一括して接続した箇所で，この回路には各相のベクトル和電流が流れる．この回路のことを残留回路という

単線接続図

高圧配電部の単線接続図を**図4・6**に示す．

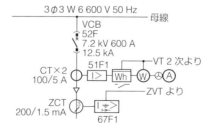

図4・6　単線接続図

4.4 ●高圧配電部の単線接続図から3線接続図への変換

3 線 接 続 図

図 4·6 を 3 線接続図に変換した場合の接続図を**図 4·7** に示す．

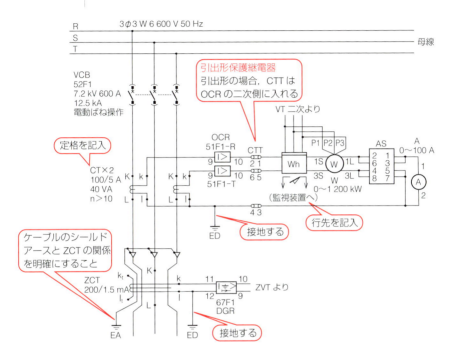

図 4·7 3 線接続図

> COLUMN

計器用変成器の二次回路・三次回路の接地

　特別高圧および高圧回路に接続する計器用変圧器の二次および三次回路は，電技解釈により接地をすることが義務づけられている．これは，高電圧回路からの誘導または混触などにより，計器用変成器の二次および三次回路に高電圧が発生する危険があるため，その保安と保護の目的で行われる．特別高圧の接地は A 種接地，高圧の接地は D 種接地である．

4.5 変圧器部の単線接続図から3線接続図への変換

3線接続図のかき方

変圧器部の3線接続図は，主回路の相順，巻線についての確認が必要である．単相変圧器，三相変圧器の端子記号は，**高圧巻線側は大文字で単相器がU，V，三相器がU，V，W，低圧巻線側が小文字で単相器がu, v，三相器がu, v, w**のように規格で規定されている．単相3線式の場合の低圧巻線側は，u, o, v となりo が中性相となる．接地は，変圧器本体がA種接地，変圧器の中性点はB種接地をすることが必要である．地絡検出する場合は，接地線に零相変流器（ZCT）を挿入し，地絡電流を検出する方法がとられる．単相変圧器を多数設置する場合は，各相の容量がバランスよくなるように心掛けることが必要である．

単線接続図

変圧器の一次側は，変圧器回路の開閉や保護装置の組合せにより遮断器，負荷開閉器，電力ヒューズなどで構成される．変圧器の一次側に負荷開閉器と電力ヒューズを組み合わせた場合の単線接続図を図4・8に示す．

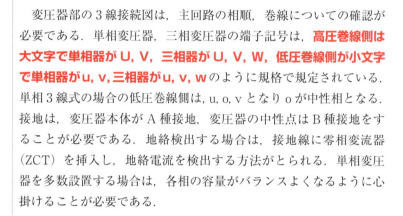

図4・8 単線接続図

4.5 ●変圧器部の単線接続図から3線接続図への変換

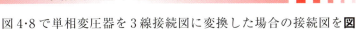

単相変圧器の3線接続図

　図4·8で単相変圧器を3線接続図に変換した場合の接続図を**図4·9**に示す．

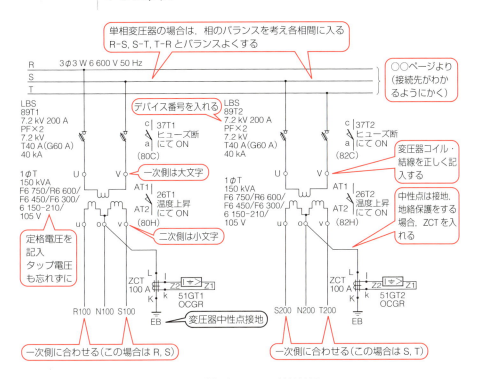

図4·9　単相変圧器の3線接続図

COLUMN

変流器二次回路の開放禁止

　変流器の二次回路を開放すると，一次側の励磁電流により二次側の開放端に高電圧が発生し，二次側接続機器の絶縁破壊，焼損などを招く恐れがあるので，通電中に開路してはならない．また，二次側にヒューズを挿入するとヒューズが溶断して開放となる恐れがあるので，変流器の二次側にはヒューズは挿入しない．

三相変圧器の3線接続図

変圧器の△接続の効果
一次,二次,三次巻線に△接続をもつことで変圧器の励磁により発生する第3高調波励磁電流が△結線内を循環するので,誘導起電力がひずまず正弦波形にすることができる

図4・8の単線接続図で三相変圧器を3線接続図に変換したものを,**図4・10**に示す.

3線接続図に変換する場合,変圧器の一次側にある負荷開閉器のデバイス番号や電力ヒューズの定格事項も合わせて記入する.電力ヒューズが作動した場合の溶断表示用接点がある場合は,その接点も図面上に表す.また,展開接続図内における接点の利用ページも記入する.

変圧器は一次側と二次側の巻線接続を正しく図面上に表す.定格電圧は,一次側のすべてのタップ電圧を記入するとともに,二次電圧も記入する.また,温度上昇接点などがある場合は,その接点も図面上に表す.二次側回路の配線番号は,変圧器のデバイスに合わせた設計にすると管理や保守する場合わかりやすくなる.

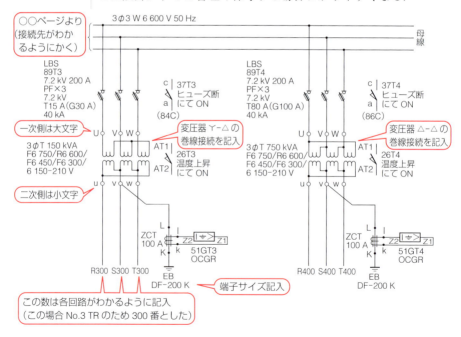

図4・10 三相変圧器の3線接続図

4.5 変圧器部の単線接続図から3線接続図への変換

応用例(特別高圧変圧器の比率差動継電器の3線接続図)

比率差動継電器
流入する電流と流出する電流の関係比が,定められた比率を超過した場合に動作する継電器で,変圧器,母線,発電機の保護などに使用される

変圧器の保護方式の一つに**比率差動継電器**がある.この比率差動継電器の場合,変圧器の巻線と変流器の二次回路の位相関係について注意しなければならない.例えば,**図4・11**(a)の変圧器の接続は,△-△であり,一次と二次の間に位相差はない.この場合,変流器の二次側は,Y-Yとして比率差動継電器に接続すればよい.

しかし,図4・11(b)の変圧器のようにY-△の場合は,一次より二次のほうが30°遅れの位相差がある.それを補償するため,変圧器の一次側の接続に対し,一次側変流器の二次側を△接続にすることにより,変流器の二次が30°遅れるため位相差はなくなり,比率差動継電器は正常に動作することになる.変圧器の結線と変流器二次回路の結線の関係を**表4・4**に示す.

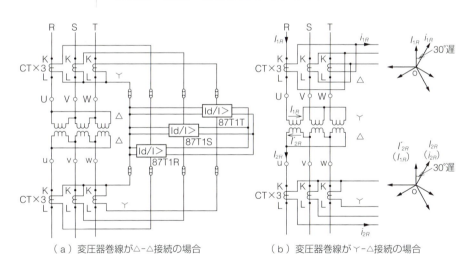

(a) 変圧器巻線が△-△接続の場合　　(b) 変圧器巻線がY-△接続の場合

図4・11 比率差動継電器の3線接続図

表4・4 変流器二次回路の結線方法

変圧器	変流器二次回路	変圧器	変流器二次回路
△-△結線	Y-Y結線	△-Y結線	
Y-Y結線	△-△結線	Y-Y-△結線	Y-△結線
Y-△結線	△-Y結線		△-△-Y結線

4.6 高圧コンデンサ部の単線接続図から3線接続図への変換

3線接続図のかき方

コンデンサの保護
コンデンサの機械的保護には，コンデンサの内部故障でケースの内圧が高くなり，ケースが膨張したことを検出する方法がある

リアクトルの保護
リアクトルの機械的保護には，リアクトルの過負荷による温度の上昇をダイヤル温度計で検出する方法がある

　高圧コンデンサ部の単線接続図から3線接続図への変換は，電力ヒューズ，真空コンタクタ，リアクトル，コンデンサなどの主回路機器の相順に注意が必要である．リアクトル，コンデンサなどの機器は，それぞれの規格において文字記号が決められており，それに基づいて設計を行う．**リアクトルは，R相，S相，T相において一次側記号は大文字のU，V，W，二次側記号は小文字のx, y, z, コンデンサの一次側記号は，大文字のU，V，W**と端子記号が決められている．したがって，これらの端子が各相ごとに正しく接続されなければならない．3線接続図をかく場合，これらの機器を含め単体図面の端子記号に合わせ設計する．

　相順と機器の端子記号が一致するのが原則であるが，スイッチギヤに収納される場合は，保守・点検の便宜，スイッチギヤの構造上の制約などから相順と機器の端子記号が一致しない場合がある．

単線接続図

　高圧コンデンサ部の単線接続図を**図4・12**に示す．

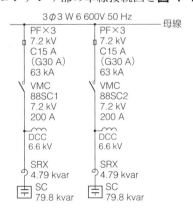

図4・12　単線接続図

4.6 ●高圧コンデンサ部の単線接続図から3線接続図への変換

3 線 接 続 図

図4·12を3線接続図に変換した場合の接続図を**図4·13**に示す.

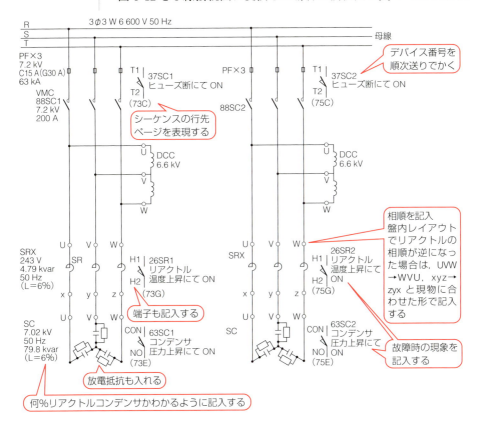

図4·13 3線接続図

> **COLUMN**

二電力計法

　二つの単相指示電力計を用いて三相電力を測定する方法を，二電力計法という．この方法では，対称三相負荷の場合，負荷の力率が50％以上のときに，三相電力は二つの指示値の和となる．負荷力率が50％未満のときは，いずれか一方の計器の指針は負側に振れて指示値を読むことができない．このような場合，その計器の電圧コイルの極性を切り換えてその指示値を読み，二つの計器の指示値の差をとれば，それが三相電力となる．

4.7 変圧器二次部，低圧配電部の単線接続図から3線接続図への変換

3線接続図のかき方

変圧器二次部　変圧器の二次側には，単相2線，単相3線，三相3線，三相4線などがある．これらの線数に合わせ，図面上にかき込む．変圧器の二次側は，必要により変圧器二次遮断器を入れる場合もある．単線接続図に記入されている機器や器具は3線接続図に反映するが，試験用端子など単線接続図に記入のない機器や器具は必要性と経済性により決める．

低圧配電部　低圧の配電部は，本来は負荷回路ごとにすべての配電回路を図面上に記入することが必要である．しかし，多数の負荷に対して配電回路が多数ある場合は，表にするなど工夫が必要である．

低圧の配電保護は，配線用遮断器や漏電遮断器などが使用される．これらの機器は，オプションとして状態表示用接点，動作接点などがあり，これらを使用している場合は図面上に記入する．

> **配線遮断器の限流特性**
> 事故発生時に流れ始める電流が大きくならないように電流を制限する特性のこと

単線接続図

三相変圧器で変圧器二次側の計測に電流計，電圧計を設置し，配電線に配線用遮断器と漏電遮断器が混在した場合の変圧器二次部，低圧配電部の単線接続図を**図4・14**に示す．

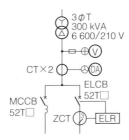

図4・14　単線接続図

3 線接続図

図4・14を3線接続図に変換した場合の接続図を**図4・15**に示す．

4極配線用遮断器の中性極の動作構造

開閉時における中性極とほかの3極との関係は，同時開閉となる構造か，または閉路の場合は中性極が先に接触して開路の場合は中性極が遅れて開離する構造とすることが必要である

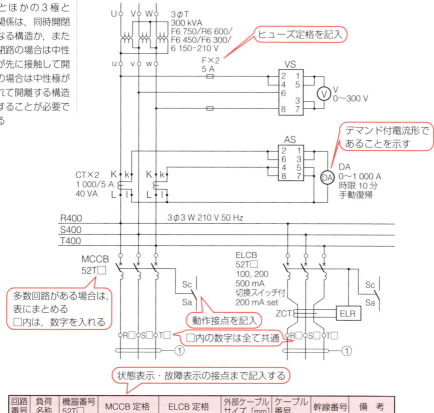

図4・15 3線接続図

4.8 展開接続図の見方・かき方

展開接続図

展開接続図は,受電設備・制御装置ならびにこれらに関連する機器・器具の制御,保護動作の順序を示す接続図で,機器自体の性能とともに,電気系統の全体機能を左右する重要な図面である.

展開接続図は,機器の電気的動作要素を主体として表現した**EWD方式**,機器を設置場所ごとに分離して機器間のケーブルを主体として表現した**CWD方式**,およびこれらの両方式を組み合わせた**ECWD方式**がある.これら展開接続図の特徴を**表4・5**に示す.

表4・5 展開接続図の種類

展開接続図の種類	特徴
EWD方式 (Elementary Wiring Diagram)	・電気的動作要素を主体とした表現のため理解が容易 ・単独機器など外部との関わりが少ない場合に適する
CWD方式 (Control Wiring Diagram)	・機器を取付場所ごとにまとめて表示するため,取付場所が明確 ・機器相互間のケーブルが明確 ・ケーブル計画,手配が容易 ・ケーブル配線チェックが容易
ECWD方式 (Elementary Control Wiring Diagram)	・動作順序に従って平面的に記入するため,動作順序・制御方法などが容易に理解可能 ・ケーブルリストの記入により各機器相互間のケーブルとロケーションの把握が容易 ・試験,保守などにおいて現物との対比が容易

展開接続図のかき方

展開接続図のかき方は,各メーカにより異なる点もあるが,一般的には以下を基本としている.

① **機器の端子記号** 3線接続図と同様に,各機器の端子には実製品に表示してある端子記号を記入する.

② **回路符号** 回路の性質を表す符号で**表4・6**のように英字一文字で表す.

③ **装置符号(ロケーション符号)** 装置とは,配電盤,監視装置,制御装置,発電設備,モータなどの設備全体や単体装置を表す

4章 単線接続図から3線接続図への変換

表4・6 回路符号例

符　号	回路の性質
C	CT 二次回路
V	VT 二次回路
A	交流制御回路電源
D	直流制御回路電源
X	直流制御回路
Y	交流制御回路
G	接地回路

表4・7 装置符号の例

装置符号	装置名	装置符号	装置名
HC	特高盤	T	変圧器
MC	高圧盤	K	監視盤
LC	低圧盤	LK	現場監視盤
SC	コンデンサ盤	TB	中継端子盤
DC	直流電源盤	TD	変換器盤

a接点・b接点
a接点とはコイルが励磁されることにより閉路する接点．b接点とはコイルが励磁されることにより開路する接点

c接点
c接点とは稼動接点を共有するa接点とb接点とからなり，コイルを励磁することによりa接点は閉路する接点，b接点は開路する接点

電圧電流補助継電器
遮断器の引外しコイルに流れる電流で動作し，動作後の状態を電圧コイルで保持することを目的とした継電器

こともあるが，各装置は重複しないように体系的な番号を付ける．装置符号の例を**表4・7**に示す．

④**器具番号（デバイス番号）**　装置内の器具，機器を用途別，機能別，系統別に区分するために用いる番号で，規格で決められた番号を使用する．デバイス番号とも呼ばれる．

⑤**接点表**　使用している機器や器具の補助接点の数，a接点・b接点などの区分，端子番号および使用位置について展開接続図上の適当な場所に表示する．表示例を**図4・16**に示す．

器具番号	接点端子	AB	シート行
51F1X	A-B	A	
KA3-E3AP	C-D	A	61C
	E-F	A	-N
	G-H	A	-M

図4・16 接点の数および使用位置の表示例

⑥**線符号**　機器や器具相互間を結ぶ接続線に付ける英数字の記号で，配電盤や制御盤の内部配線に用いられる．

⑦**束線番号（ケーブル符号）**　装置相互間を結ぶ複数の電線に一括して英数字の記号で表現したもので，ケーブル符号とも呼ばれる．

展開接続図の見方

展開接続図の見方を**図4・17**に示す．

4.8 ●展開接続図の見方・かきかた

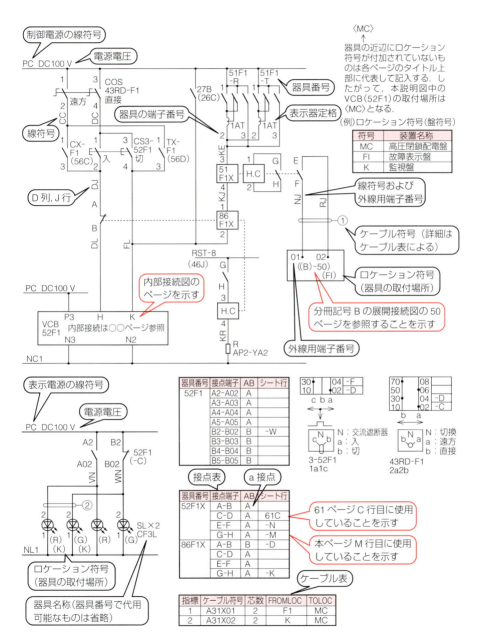

図4・17　単線接続図

展開接続図をかくうえでの注意事項

① **制御電源区分**　制御電源は，断路器・遮断器などの操作用，状態・故障などの表示用，保護継電器などの保護動作用，保護継電器・変換器などの補助電源など目的により区分する．また，各回路ごとに開閉器やヒューズを入れ，保守・点検を考慮する．

② **構成機器の定格**　補助継電器などの電圧コイルの場合，制御回路の定格電圧に合わせるだけでなく，制御電圧の変動に対しても考慮することが必要である．電圧低下時の最小動作電圧，動作時間，電圧上昇時の耐電圧などを考慮することが必要である．**JEM 1425**（金属閉鎖形スイッチギヤおよびコントロールギヤ）による制御電圧の変動範囲を**表 4・8**に示す．

表 4・8　操作装置および補助回路の定格電圧および変動範囲

回路の種類		定格電圧 （交流の場合は実効値）〔V〕		変動範囲 （標準値の百分率）〔%〕
操作装置	直流 交流	100	200	85 ～ 110
補助回路	直流 交流	100	200	75 ～ 125 * 85 ～ 110

＊　操作装置と補助回路の電源回路が同一の場合は75～110%とする

電流コイルの場合，その回路を通して流れる電流や，保護継電器に内蔵されている動作表示器の動作電流についても検討が必要となる．また，接点の場合はその回路に流れる電流を考慮した接点容量のものを選定する．

③ **制御電源喪失時のフェールセーフ動作**　一時的に電圧が消失しても，重要な部分は状態変化などが起きないように，機械的保持をもつ電磁接触器や継電器を使用するなど配慮が必要である．また，設備運用前の試験などで，制御電源を入・切させるなどして，不要動作のないことの確認も必要である．

④ **インタロック**　断路器と遮断器間など，関連する機器相互間に必要なインタロックがとられているか注意する．

⑤ **設定時間の確認**　通常の簡単な回路では問題とならないが，停電・復電時制御など複雑な回路では，動作順序が重要となることがある．このような場合，その回路の各機器の動作時間を入れたタイムチャートを作成して設定時間の確認を行うことが必要となる．

⑥ **まわり込み回路の禁止**　まわり込み回路とは，予定されている動作以外の動作が，ある特定条件が成立した場合に発生する回路である．一つの接点から分岐回路をつくるような場合は注意が必要である．試験をする場合は，このような回路は通常の試験では発見しにくいので，いわゆる**「いじわる試験」**などを行うことが必要である．

COLUMN

配線用遮断器の分類

　引外し方式の構造により，流れる電流の発熱と電磁力の組合せで動作する熱動-電磁式，電磁力のみで動作する電磁式，変流器二次電流を電子回路で検出して動作する電子式などがある．

　熱動-電磁式　過電流が流れると，ヒータの発熱によりバイメタルが緩やかにわん曲し，バイメタルに固定されたねじがトリップロッドを回転させてラッチを外し，リンクに連結された可動接触部が回路を遮断する．短絡電流などの大電流が流れると固定鉄心の電磁力で可動鉄心が吸引され，遮断ロッドを回転させ瞬時に遮断する方式．

　電磁式　瞬時引外し装置（時延と瞬時）とオイルダッシュポットにより制動されている電磁石を用いた方式で，過電流に対しては，コイル内に装着したプランジャにより時延をもって吸引し，遮断する．短絡電流に対しては，電磁力が大きいため，瞬時に可動鉄心を吸引して遮断する方式である．

　電子式　各相に備えられた変流器で電流を検出し，変流器二次側の電子回路によって時延または瞬時の引外し特性をもたせ，トリガ信号を出してトリップコイルを励磁して引外し機構を動作させる方式である．

5章

各種接続図の応用

　高圧受電設備の接続図は，高圧受電設備規程（JEAC 8011）により標準接続図で示されている．しかし，受電部は所轄の電力会社との協議をふまえて構成することや，母線以降の負荷に至る分岐の接続，非常用予備発電装置との接続方法など，負荷設備にあった接続構成とすることも多い．

　本章では電圧変動，力率改善，システムの簡素化，信頼性・保全性向上を図った対策など，標準接続図の応用について述べる．

5.1 電圧変動対策を図った接続図

電圧の調整（変圧器のタップ調整）

電圧変動
定常的な電圧降下は電流が系統の変圧器，線路などを流れるために生じ，最大電圧と最小電圧の差を電圧変動幅という

負荷の要求する電圧が許容電圧変動範囲に収まらない場合は，変圧器の**タップ**を切り換えて電圧調整をするのが一般的である．変圧器の電圧変動率，負荷設備までの電圧降下計算をして適正なタップを選定する．変圧器の二次出力電圧は一次入力電圧，**巻数比**および電圧変動率によって定まる．二次出力電圧を変えたい場合，あるいは一次入力電圧および負荷変動しても二次電圧を一定に保ちたい場合は，巻数比を変えればよい．タップ切換器には無電圧状態で行う無電圧タップ切換装置と，負荷電流が流れている状態（通電状態）で行える負荷時タップ切換装置がある．

図5・1に変圧器巻線タップの内部接続図を，**図5・2**に負荷接続時の留意点を示す．

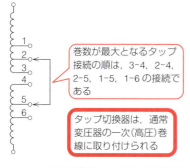

図5・1　変圧器巻線タップの内部接続図

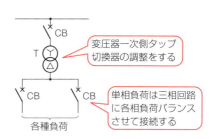

図5・2　負荷接続時の留意点

電圧調整装置（静止形無効電力補償装置）の設置

アーク炉などにより発生する**電圧変動（フリッカ）**の対策としては，**無効電力補償装置**の設置がある．変動負荷に並列に接続し，負荷の無効電力変動に応じて瞬時にコンデンサを開閉制御する方式である．コンデンサ容量を3群分割とした場合，各群のコンデンサ容

5.1 ●電圧変動対策を図った接続図

電圧フリッカ
電気炉や溶接機，コンプレッサなど不規則で継続的な電流により電圧変動し，テレビや電灯，蛍光灯のちらつきを発生させる

量比を1：2：4とすれば7段階の容量構成ができ，きめ細かい無効電力補償が行える．負荷変動に応じて即応し，負荷力率を高く保てるため，電気料金低減効果が期待できる．**図5・3**に静止形無効電力補償装置を設置した接続図を示す．

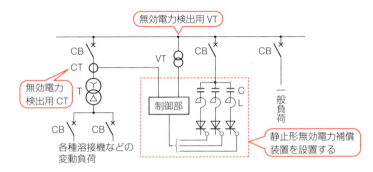

図5・3　静止形無効電力補償装置を設置した接続図

変圧器の励磁突入電流の抑制

変圧器に電圧を印加した際に流れる電流（**励磁突入電流**）の影響により，電力系統や構内母線の電圧が低下する場合がある．特に電源系統が弱い場合に容量の大きな変圧器を投入した際，その影響は大きくなる．

変圧器の励磁突入電流を抑制する手法として，励磁突入電流を抑制した変圧器を採用する方式や，複数の小容量変圧器を採用し電源投入時に順序投入することで突入電流を抑制する方式などがあげられる．

変圧器側で前述の対策が採用できない場合に，変圧器の一次側に抵抗回路を設置し，励磁突入電流を抑制する回路を採用する場合がある．**図5・4**に接続図，**図5・5**にその動作イメージを示す．

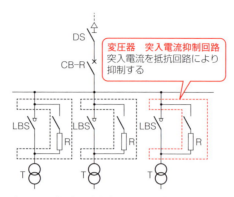

図5・4 変圧器一次側に励磁突入電流抑制回路を設置した接続図

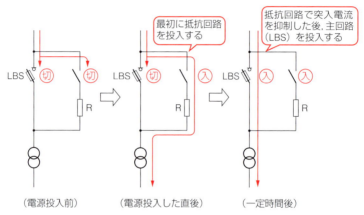

図5・5 変圧器突入電流抑制回路の電源投入時の動作説明

COLUMN

瞬時電圧低下対策

　電力需要の増加にともない変電所と需要場所は遠隔化し，送電距離も長く，雷，風雪などによる事故頻度が高くなる．電力系統に事故が発生した場合，事故区間を即時分離する間の瞬時電圧低下は避けられない．コンピュータなど24時間365日稼動する機器は，一時停止すると生産ラインの乱れやデータの破損により，再スタートに長時間を要するため，無停電電源装置（UPS：Uninterruptible Power System）の設置が望ましい．また，電磁接触器や制御継電器などは，直流制御方式または機械的保持方式（ラッチ式）の採用が望ましい．

5.2 力率改善を図った接続図

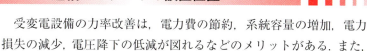

進相コンデンサの設置位置

力率料金制度
力率85%を基準とし，力率が85%より1%上回ると，基本料金の1%が割引，1%下回ると基本料金の1%が割増しされる制度

　受変電設備の力率改善は，電力費の節約，系統容量の増加，電力損失の減少，電圧降下の低減が図れるなどのメリットがある．また，電力会社においては，力率料金制度が適用される．力率改善効果の及ぶ範囲はコンデンサ設置点から電源側であり，負荷自身の力率が改善されることではない．

　図5・6に一括設置と個別設置した接続図を示すが，負荷に近い位置に設置したC4点が最も効果が得られる．コンデンサ設置位置の決定には，開閉器を含めた建設費，電力損失，力率，制御方法，運転管理面など総合的に検討する必要がある．

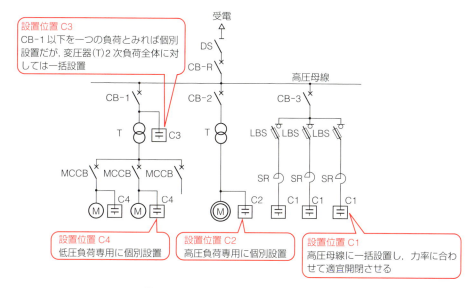

設置位置C3
CB-1以下を一つの負荷とみれば個別設置だが，変圧器(T)2次負荷全体に対しては一括設置

設置位置C4
低圧負荷専用に個別設置

設置位置C2
高圧負荷専用に個別設置

設置位置C1
高圧母線に一括設置し，力率に合わせて適宜開閉させる

図5・6　一括設置と個別設置した接続図

無効電力制御

コンデンサ自動制御方式
無効電力制御方式のほかに，特定負荷の開閉信号による制御，プログラム制御，力率制御方式がある．

力率は負荷変動に応じて常に変動しているため，一定の進相コンデンサ容量だと軽負荷時には進相運転，重負荷時には遅相運転となる．負荷の無効電力変動に応じて，進相コンデンサ回路の開閉を行い，力率を一定に保つのが理想的である．したがって，無効電力または力率を検出して必要量の進相コンデンサを順次投入する自動制御が広く用いられている．図5・7に，高圧母線に進相コンデンサを一括設置した場合の自動無効電力制御接続図を示す．

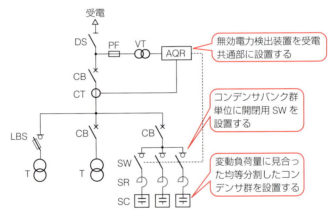

図5・7 高圧母線に進相コンデンサを一括設置した自動無効電力制御接続図

<COLUMN>

誘導電動機と進相コンデンサの容量制限

電動機の端子に進相コンデンサを並列に接続して電動機，進相コンデンサ一体で開閉する方法は，開閉器が共有でき経済的である．しかし，電動機の励磁容量以上の進相コンデンサを使用すると，開閉したときに電動機の自己励磁現象により過電圧と再投入時の過渡トルクが発生し，電動機の焼損，進相コンデンサの絶縁破壊の恐れがある．したがって，開閉器を共有する場合の進相コンデンサ容量は電動機の励磁容量以下（通常，電動機出力の1/2～1/4）が目安とされている．

5.3 高調波対策を図った接続図

高調波発生量の低減

高調波
JEAG 9702 では「基本波に対して、2 倍以上の整数倍の周波数をもつ正弦波」と定義している

　系統設計上配慮すれば、**高調波発生量**を低減できる場合がある。**整流器負荷**（コンバータ）や**交流可変速用インバータ装置（VVVF）**など高調波発生源に対し、配電用変圧器の接続方式を異なった変圧器を組み合わせ、多相整流方式となるように構成する。このような接続方式にすることで高調波発生量が低減できるとともに、**等価逆相電流**も低減でき、発電機容量への影響も軽減できる。**図5・8**に多相整流方式の接続図を、**表5・1**に需要家側から電力系統への高調波流出電流の上限値を示す。

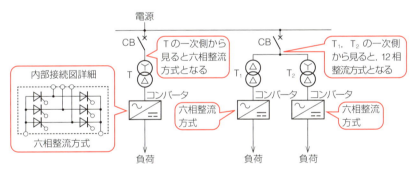

図5・8 多相整流方式の接続図

表5・1 契約電力相当値 1 kW 当たりの高調波流出電流の上限値

〔単位：mA/kW〕

受電電圧	5次	7次	11次	13次	17次	19次	23次	23次超過
6.6 kV	3.5	2.5	1.6	1.3	1.0	0.90	0.76	0.70

出典：高調波抑制対策技術指針（JEAG 9702-2013）

受動フィルタまたは能動フィルタの設置

整流器の高調波発生次数と理論発生量
発生次数 $=mP±1$ (P：整流相数，m：1, 2, 3, …)，発生量 $I_n=I_1/n$ (I_n：第 n 次高調波電流〔A〕，I_1：基本波電流〔A〕，n：発生次数)

パワーエレクトロニクス技術を応用した負荷設備が増加するにともない，高調波の増大と低減策が必要となってきた．高調波が増加すると電圧波形のひずみ，機器の加熱，進相コンデンサへの障害，保護継電器，OA 機器の誤作動と障害，発電機の等価逆相耐量の超過など多くの問題が生じる．高調波の発生する機器単体として少量でも，集合すれば大きな値になるので，発生機器で低減策を考慮すれば解決できることになる．受電設備側での解決策は，**受動フィルタ（パッシブフィルタ）**または**能動フィルタ（アクティブフィルタ）**などの高調波フィルタを負荷と並列に設置することが望ましい．図 5・9 に受動および能動フィルタの接続図を示す．

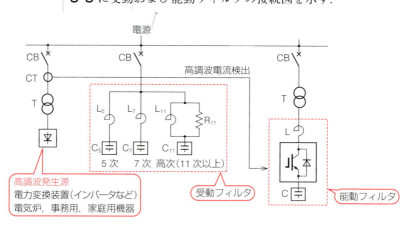

図 5・9 受動および能動フィルタの接続図

<----- COLUMN ----->

高調波対策の考え方

高調波障害に対する対策は大別すると，①高調波発生量の低減，②障害となる対象負荷のインピーダンス変更（分流条件），③機器の高調波耐量強化，の三つに分類できる．

各種対策を検討し，効果的で経済的な方法を選定する．

5.4 システムの簡略化を図った接続図

変圧器,進相コンデンサの集合

不等率
変圧器相互間において最大需要電力は同時発生なく時間差がある.各負荷総括最大電力は各変圧器最大電力の和より小さい.

不等率
$= \dfrac{\text{各負荷最大電力の和}}{\text{総括した最大需要電力}}$
$\times 100$ [%]

　高圧受電設備は,構内事故が発生しても,ただちに事故箇所を除去し,**全停**に至らないようなシステム構成でなければならない.信頼性確保ばかりに目を向けると,システム構成が複雑となり,かえって事故率が増したり,運用面が煩雑になることも考えられる.一般的な高圧受電設備の接続図を,経済性の面からどの程度簡略化できるかを検討してみる.**図5・10**に簡略化を図った接続図を示す.

　簡略化の条件は「**将来の負荷増はない**」,「**不等率が大きい**」,「**負荷変動が少ない**」などがあげられる.

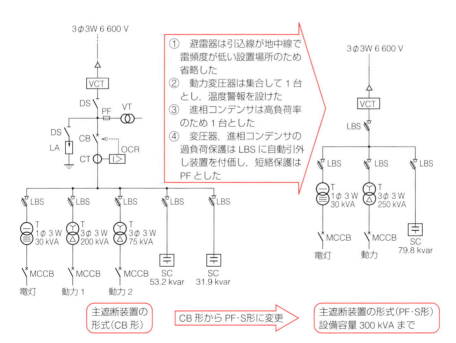

図5・10　簡略化を図った接続図

動灯変圧器の使用

変圧器の温度警報装置
油入変圧器の場合は油温，モールド変圧器の場合は空気温度を計測し，警報接点を付加することにより警報または CB, LBS などの開閉器を遮断して保護することができる

一般的に，負荷設備は動力用として三相電源，電灯用として単相電源が使用される．負荷容量の条件を満たせば，1台の変圧器で三相・単相同時に使用することができる動灯変圧器の使用がある．二次結線を異容量三角結線とすることにより，通常の三相巻線に比較して単相負荷が少ないときは三相負荷を多く使用でき，逆に三相負荷が少ないときには単相負荷を多く使用できるという電力融通性をもっている．**図5・11**に動灯変圧器の接続図を，**図5・12**に動灯変圧器の負荷分担曲線例を示す．

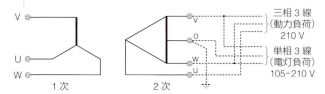

図5・11　動灯変圧器の接続図

図5・12　動灯変圧器の負荷分担曲線例

変圧器容量が，100＋50 kVA で単相負荷回路を 70 kVA 使用するときは三相負荷回路は約 60 kVA 以下の使用が可能

COLUMN

異電圧同時使用変圧器

　三相変圧器の二次側を二重電圧にして，100％電圧と50％電圧を同時に使用するもので，三角結線（出力は三相6線）と星形結線（出力は三相6線または三相7線）があり，三角結線の出力三相6線式は内接デルタ結線とも呼ばれている．負荷力率角の差によって負荷分担が異なるので，結線の特徴を十分に理解して使用する必要がある．

5.5 信頼性および保全性向上を図った接続図

信頼性・保全性向上対策

受電設備の信頼性向上は電源供給信頼度の向上と維持,また事故・障害の拡大防止などがあげられる.ハード(機器)面では,機器・電線の不燃化および難燃化,機器の密閉化,エレクトロニクス化,誤動作防止策(フェールセーフ機能)などがある.ソフト(システム構成)では,電源の分散化,回路の冗長性,瞬時電圧低下対策,高調波対策,自動化,停電時のバックアップ,地震対策,火災対策などがあげられる.いずれも設備の重要度に合わせて経済性・保全性などを考慮して検討する必要がある.**図5・13**に信頼性・保全性向上を図った接続図を示す.

フェールセーフ
機器や装置が動作しなかったり,壊れたりあるいは誤操作が行われても,常に安全状態が保たれる状態をいう

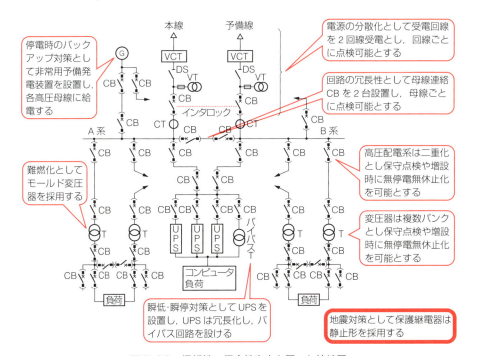

図5・13 信頼性・保全性向上を図った接続図

機器操作用制御電源の分割と確保

PM：予防保全 (Preventive Maintenance)
受電設備を一定期間ごとに停止して修復を実施し，故障を未然に防止する保全の方法

受電設備の各機器を制御するためには，**制御電源**が必要である．一般的には，停電時でも制御できるように直流電源装置を設置し非常用発電装置がある場合は，バックアップ時間を 30～60 分とすることが多い．信頼性向上のためには，この制御電源も配電系統区分単位で供給する方式が望ましい．重要な設備では，受電設備を停止せずに点検することが望まれる．予防保全の見地から部分的にでも，点検が必要な設備の場合もあり，制御電源の分割は重要な検討事項となる．**図 5・14** に各系統区分ごとに制御電源分割供給した接続図を示す．

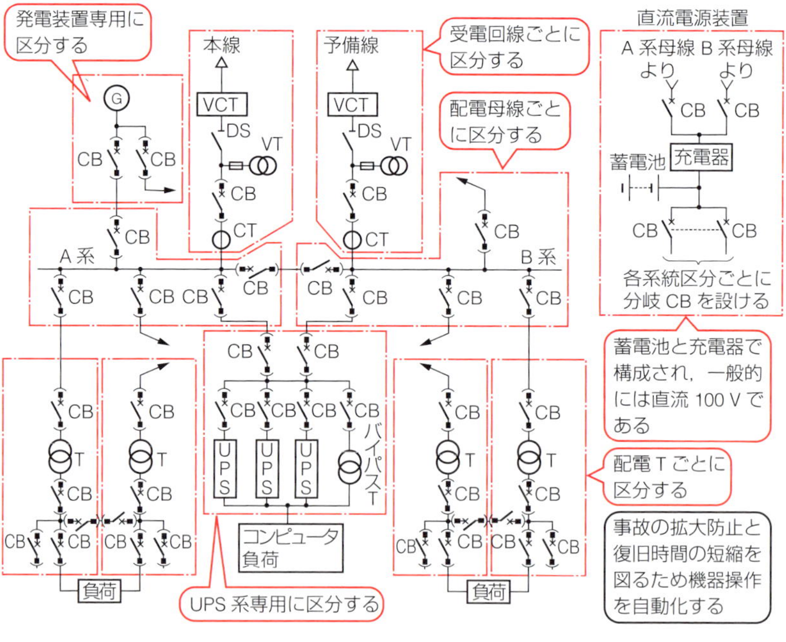

図 5・14 各系統区分ごとに制御電源分割供給した接続図

5.6 非常用発電装置を設置した接続図

非常用発電装置の電源切換方式

防災負荷
消防用設備などの負荷，非常照明，排煙設備および保安上，管理上必要な負荷をいう

非常用発電装置は，一般的に商用電源と並列運転は行わず，これらを切り換えて使用する．したがって，受電遮断器と発電機側との間には，電気的または機械的インタロックを設ける必要がある．受電および負荷回路の接続方式，遮断器・開閉器の適用，母線の配置などで電源切換方式は異なる．また，商用電源に戻すとき一時的に発電機電源と並列運転を行う場合（無停電切換）は，所轄の電力会社と十分な打合せが必要となる．**図5・15**に代表的な非常用発電設備と高圧受電設備の系統構成を示す．

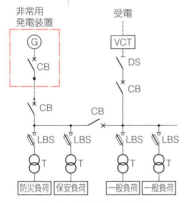
（a）高圧系統への接続

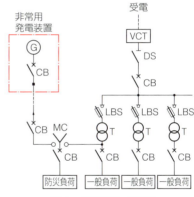
（b）低圧系統への接続

図5・15 非常用発電設備と高圧受電設備の系統構成例

高圧回路・低圧回路への接続

非常用発電装置
種類はディーゼル機関やガスタービン機関など．内燃機関を原動力とし，熱効率のよいディーゼル機関が一般的に使用されている

　消防法に定められた防災負荷や一般負荷のうち，商用電源停電時でも電源供給したい重要負荷が混在する場合は，高圧回路に接続することが多く，防災負荷が未使用時は発電機容量範囲内で一般負荷にも供給できる．防災負荷専用の発電装置は，配電用変圧器二次側の低圧回路に接続され商用電源とを三極双投電磁接触器で切り換える．

非常用発電装置の起動指令用不足電圧継電器の設置位置

高圧受電設備規程では，図5・16に示すとおり，受電遮断器の二次側に設置するよう図示されているが，防災負荷および設備の維持・管理運営上，受電遮断器の一次側に設置する場合もある．関連法令（建築基準法，消防法）に適合するように設置する必要がある．

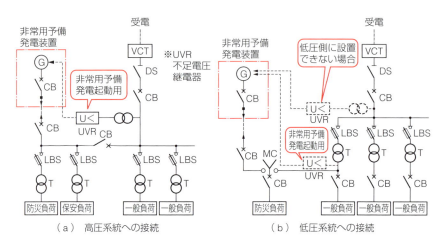

図5・16 非常用発電装置の起動指令用不足電圧継電器の設置位置

— COLUMN —

防災設備の呼び方

表5・2

呼び方	建築基準法上の呼び方	消防法上の呼び方	電源供給方式
常用電源	常用の電源	常用電源	防災設備に常時給電し，その電源を確保している電源
防災電源	予備電源	非常電源	防災設備に常時給電する常用電源が断たれたときに，ただちに防災設備に電力を供給し所定の時間にその機能を確保する電源

5.7 分散電源設備を設置した場合の接続図

分散電源の系統構成

分散電源とは，一般家庭の 100 V，200 V に接続される太陽光発電から高圧配電線に接続される各種エンジンを原動機とした発電装置（コージェネレーションを含む），燃料電池，風力発電のようなものとされている．需要地の近くまたは需要地の中に設置される電源で，遠隔地の大規模発電所から送電線や変電所を通して送電されないため，送電・変電設備が少なく，損失などが軽減できるメリットがある．自然エネルギーである太陽光，風力，水力，熱など未利用エネルギーを活用して発電し系統連系できるためエネルギーの有効利用が可能で環境保全，調和においても有効である．

図 5・17 に分散電源の系統構成図を示す．

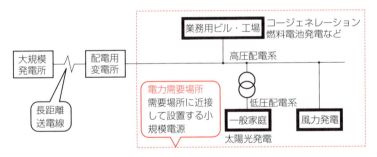

図 5・17 分散電源の系統構成図

太陽光発電設備の接続

太陽光発電設備は，日射量により発電出力が変化する（日射のない夜間は発電しない）．太陽電池の出力特性は，光が当たったとき，出力電圧と出力電力は比例関係にあるが，ある電流（容量）以上になると出力が得られない．したがって，日射量の変化に対して最大出力するようにパワーコンディショナ（PCS）で制御する．太陽電

5章●各種接続図の応用

池の出力は直流なので，商用周波の交流電源に変換して使用する．
図5・18に太陽光発電設備を系統連系した接続図を示す．

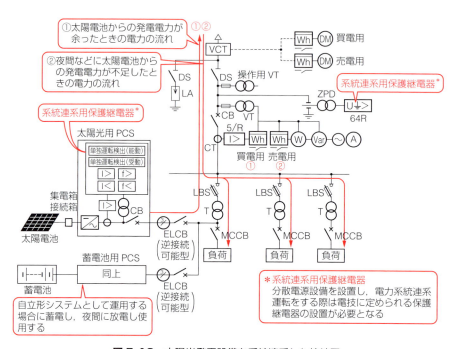

図5・18　太陽光発電設備を系統連系した接続図

COLUMN

系統連系

　ディーゼル機関やガスタービン機関を原動機として駆動されている発電装置を除き，太陽光，風力，燃料電池発電装置などは，直流出力が多くインバータで交流に変換して負荷に供給している．各種の系統連系方法があるが，系統連系にあたっては「電気設備の技術基準」，「電力品質確保に係る系統連系技術要件ガイドライン」，「系統連系規程 JEAC 9701」に基づき計画する必要がある．

COLUMN

避雷器と絶縁協調

放電電流の適用例　避雷器の適用については，設備の絶縁協調と放電電流値の検討から合理的に選定するが，その適用例を**表5・3**に示す．

表5・3　公称放電電流の適用例

電圧階級	遮へい種別*	雷害危険度種別**		
		A 地域	B 地域	C 地域
公称電圧 100 kV 以下の系統	有効遮へい	10 000 A 避雷器 (制限電圧を検討する場合は 20 kA)	5 000 A 避雷器 (〃 5 kA)	5 000 A 避雷器 (〃 2.5 kA)
	非有効遮へい	10 000 A 避雷器 (制限電圧を検討する場合は 20 kA)	5 000 A 避雷器 (〃 10 kA)	5 000 A 避雷器 (〃 5 kA)

注）1. *印，**印の遮へい種別および雷害危険度種別は，それぞれ次の注を参照のこと
　　2. （ ）内は制限電圧を検討する場合の基準電流値を示す
　　3. 開閉サージ処理を必要とする場合は，10 000 A 避雷器が望ましい
　　4. 電技解釈 第 37 条により省略し得るが，避雷器を設置するような場合，あるいはこれに準ずる場合は，5 000 A 避雷器でもよい

有効遮へいと非有効遮へいの適用

有効遮へい　受変電所とそれに接続されている送電線にも遮へいされている場合．なお，送電線は変電所から少なくとも数 km は遮へいされていることが必要である．

非有効遮へい　受変電所・送電線とも直撃雷に対し無遮へいの場合，受変電所は遮へいしているが送電線は無遮へいの場合，送電線は遮へいしているが受変電所は無遮へいの場合．

雷害危険度種別　年平均の雷雨発生日数 (IKL) の分布を示すと**図5・19**のようになる．放電電流適用例の雷害危険度種別と IKL の関係は十分明らかではないが，おおむね A 地域は IKL が 20 以上，B 地域は 10〜20，C 地域は 10 以下と見てよい．

送電線耐雷設計ガイドブック（電力中央研究所，耐雷設計基準委員会送電線分科会）より

図5・19　年間雷雨日数分布図

6章

高圧受電設備の保安と管理

　現在では，あらゆる分野で電気への依存度が高まり，瞬時の停電でも生産や業務の停止による社会的影響や経済的損失が大きい．ましてや，需要家構内の事故に起因し電力会社の配電線に波及することになると，まったく関係のないほかの需要家にも多大な迷惑を及ぼすこととなる．

　このため，日常点検や定期点検などを行い，事故を未然に防ぎ，電気を安全に常に安定して供給できるよう，日頃から保守管理業務をしっかり行うことが大変重要である．

6.1 保守と管理の必要性

高圧受電設備を新設するときの手続き

自家用電気工作物
電気事業法第38条で定義された設備で，電力会社などから600Vを超える電圧で受電して電気を使用する設備や一定出力以上の発電設備とその発電した電気を使用する設備などが該当する

　高圧受電設備を維持管理するうえで，最も重要でかつ日常に関わりの深い法律は**電気事業法**である．第1条で，「電気工作物の工事，維持および運用を規制することによって，公共の安全を確保し，および環境の保全を図ることを目的とする」と定義している．そのため，設備の導入から使用開始および維持管理までの工事計画が**図6・1**に示すフローによって定められている．設備を新設する場合，あらかじめ維持管理も含めて計画しておくことが必要である．

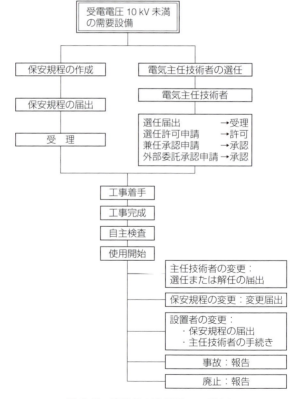

図6・1　産業保安監督部への手続き

保安規程

法律，政令，省令の違い
法律：日本国憲法に基づき国会で制定されるもの（消防法など）
政令：法律の細則で内閣が制定するもの（電気事業法施行令など）
省令：各省の大臣が制定するもの（電気事業法施行規則など）

高圧受電設備の保安を維持するため，電気事業法では自己責任原則を重視した自主保安体制を確立し，責任の所在，指揮命令系統，連絡の系統など保安業務が円滑に行われなければならないと定めている．そのためには，需要家自身で**保安規程**を定め所轄の産業保安監督部長（または経済産業大臣）に届け出る義務がある．

保安規程は，保安業務分掌，指揮命令系統や教育などの保安管理体制と，その体制を通じて行う設備の巡視，点検，検査などの保安業務に大きく分類され，具体的設備の実状に応じて，自主的に最良なものとすることが重要である．**図6・2**に保安体制と需要家が規定する保安規程の事例を示す．

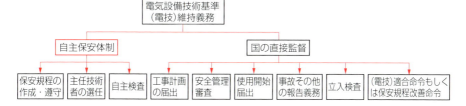

図6・2　保安体制と保安規程事例

6.2 保守点検の分類

保守点検には，日常（巡視）点検，普通点検，精密点検および臨時点検がある．臨時点検は，異常が発生したときなどに，継続使用可能か判断するために臨時で実施する．

日 常 点 検

五 感
五感とは視覚，聴覚，臭覚，味覚，触覚のことで，目，耳，鼻，舌，皮膚の五つの器官の機能を表している

日常（巡視）点検は，設備を運用状態で行う外観点検である．加熱による変色，異音，異臭など五感により，異常の有無をチェックする．また，電圧計や電流計などの計器の指示値を記録しておくことが必要である．表6・1に日常（巡視）点検内容の事例を示す．

表6・1 日常（巡視）点検事例

点検箇所	点検内容
断路器，遮断器，高圧負荷開閉器	開閉状態確認
	熱変色・異音
	汚損・さび・異物
変圧器，コンデンサおよびリアクトル	温度
	異音・振動・うなり
	油漏れ（油入の製品）
	汚損・さび
	ケースの膨れ（コンデンサ）
変成器	外観変色
	汚損・異物
	異音・異臭
指示計器	指示値確認および記録
母線・電線および支持物	熱変色（母線・電線）
	汚損異物

普 通 点 検

点検時の注意事項
作業前には単線接続図や3線接続図に目を通し，点検の範囲や対象とする機器の明示や，操作スイッチなどの現物に危険表示や操作禁止の札かけをすること

普通点検は，1～3年程度の周期で設備を停止し，無電圧状態での盤内清掃，給油などを機器分解せずに実施する．具体的には，端子部のボルトのゆるみチェック，遮断器や開閉器などの開閉操作，保護継電器の動作試験などを実施する．

精密点検

精密点検は，5〜6年程度の周期で設備を完全停止し，遮断器や開閉器などの機器内部の清掃や分解整備，寿命部品の交換，設備や電路の絶縁抵抗測定などの特性測定による確認を実施する．日常点検あるいは普通点検結果から得られた情報を加味して，設備の確認，および部品交換を実施する．

表6・2に点検項目例を示す．万一，点検中に機器や器具で異常な状態であると判断されたときは，臨時点検扱いとして，専門の電気技術者の応援や適正な体制を整えて処置する必要がある．

表6・2 普通・精密点検項目例

点検箇所	点検内容	普通点検	精密点検
断路器，電力用ヒューズ，遮断器，高圧負荷開閉器	外観点検	○	○
	絶縁抵抗測定	○	○
	遮断器，負荷開閉器の動作試験	○	○
	遮断器，負荷開閉器の内部点検		○
変圧器，コンデンサおよびリアクトル，避雷器，計器用変成器，母線，その他高圧機器	外観点検	○	○
	絶縁抵抗測定	○	○
	絶縁油の点検・試験		○
受配電盤，制御回路	電圧，電流，電力量の記録	○	○
	外観点検	○	○
	絶縁抵抗測定		○
	保護継電器動作試験	○	○
	保護継電器動作特性試験		○
	計器校正試験		○
	制御回路試験	○	○
蓄電池	外観点検	○	○
	液量点検	○	○
	電圧測定	○	○
	内部抵抗	○*1	○*1
	温度測定		○
接地	外観点検	○	○
	接地抵抗測定	○*2	○
受電設備の建物，室，キュービクルの金属箱	外観点検	○	○

*1 期待寿命の少し前から実施
*2 過去の実績により，その一部または全部を省略することがある

6.3 必要な安全用具と測定試験器

常備したい安全用具

絶縁用保護具・防具
絶縁用保護具：作業者が着用して感電防止を図る保護具のこと
絶縁用防具：電路に対して取り付ける感電防止用の装具のこと

　日常（巡視）点検，定期点検や臨時点検などで設備機器の試験または活線近接作業を実施するときは，感電から作業者の安全を確保するため，作業上必要とする絶縁用保護具・防具や安全作業工具を準備し，適切な安全対策を講じる必要がある．

　労働安全衛生法では，これらの絶縁用保護具・防具は，型式検定を受け合格したものを使用しなければならないと規定している．そのため，現物の「型式検定合格標章」を確認しておくことが必要である．図 6・3 に各種安全用具を示す．

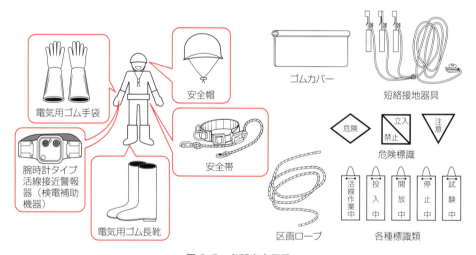

図 6・3　各種安全用具

　絶縁用保護具や防具は，使用中に劣化や損傷することが考えられるため，使用前には損傷の有無，また 6 か月以内に 1 回定期自主検査を行い，耐電圧性能を確かめなければならない．高圧回路に用いる保護具や防具の耐電圧試験値は 20 kV を 1 分間印加する．

必要な測定器具

自主検査
電気事業法施行規則第 73 条で以下の自主検査項目について，検査方法および判定基準が具体的に示されている．
①外観検査，②接地抵抗測定，③絶縁抵抗測定，④絶縁耐力試験，⑤保護装置試験，⑥遮断器関係試験，⑦負荷試験（出力試験），⑧騒音測定，⑨振動測定

電気事業法による自家用電気工作物は，自主保安体制を確立したうえで自主検査を実施し，実施した記録の作成・保存が義務づけられている．そのため，電気設備を維持管理するため定期的に点検する必要がある．点検する際に準備しておきたい測定試験器類を**図6・4**に示す．

（a） 回路計（テスタ）
出典：FLUKE「Fluke 87 シリーズⅤ」（ホームページから）

（b） 各種検電器
出典：電設資材，2002 年 3 月号，pp.38-40，電設出版（2002）

（c） 充電表示器
出典：電設資材，2002 年 3 月号，pp.38-40，電設出版（2002）

（d） 携帯用接地抵抗計
出典：日置電機「アースハイテスタ3151」（ホームページから）

（e） 多機能形継電器試験器
出典：ムサシインテック「IP-R 形マルチリレーテスタ」（ホームページから）

① 電源抵抗部

② 計器操作部

（g） 5 000 V 絶縁抵抗計
出典：日置電機「高電圧絶縁抵抗計3455」（ホームページから）

（h） 125～1 000 V 絶縁抵抗計
出典：日置電機「IR4000 シリーズ」（『電気計測器総合カタログ』p.100）

③ トランスと 2 次電流計
（f） 交流絶縁耐圧試験器
出典：高圧受電設備実務ハンドブック p.499

図6・4　各種測定試験器

6.4 接地抵抗測定

接地の目的

接地
接地とは，設備機器や電気回路を大地と接続して，対地電圧を安定させた状態を言い，一般にアース（earth）とも呼ばれている

接地は，漏電や感電および火災を防止したり，設備機器の保安装置の正常動作や対地電位上昇の低減など，電気保安上重要である．電技では電気設備使用上の安全を確保する目的で，接地を義務付けている．**表6・3**に接地工事の種類と接地抵抗値の規定値を示す．

表6・3 各種接地工事の接地抵抗値

接地工事の種類	接地抵抗値	備考
A種接地工事	10 Ω 以下	
B種接地工事	電力会社が計算した値以下	「電技解釈」による計算式は下記 $\dfrac{150}{\text{線路の1線地絡電流}} = R_B \,[\Omega]$
C種接地工事	10 Ω 以下	0.5秒以内に遮断する装置を施設するときは 500 Ω 以下
D種接地工事	100 Ω 以下	0.5秒以内に遮断する装置を施設するときは 500 Ω 以下

◆ COLUMN ▶

接地抵抗

電流経路の断面積 $S\,[\text{m}^2]$ が大きくなれば，抵抗は小さくなる．導体の比抵抗（抵抗率）$\rho\,[\Omega\cdot\text{m}]$ が同じであれば次の関係式となる．

$R\,[\Omega] = \rho\,[\Omega\cdot\text{m}]$
　　$\times$（距離 $l\,[\text{m}]$／断面積 $S\,[\text{m}^2]$）

接地電流は，接地極Eを中心に大地に拡散する．今，**図6・5**のように接地極から r 離れたところの電流経路の断面積を $S\,[\text{m}^2]$，接地抵抗を $R\,[\Omega]$ とすると，10倍離れると断面積は $100S\,[\text{m}^2]$ で接地抵抗は $0.01R\,[\Omega]$ となり，ほとんどゼロとみなせる．

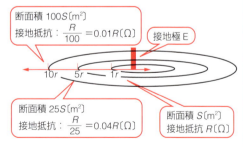

図6・5 接地抵抗と断面積の関連性

接地抵抗測定

測定用補助極
ビル街や都心など敷地に制限があり，補助接地棒を打ち込む場所がない場合を考慮し，ビル施工時に測定用にあらかじめ埋設したもの．接地極

接地抵抗は天候，季節により変化するため，測定時期はできるだけ同一条件で毎年測定し，経年変化を比較し管理するとよい．そのため，高圧受電設備を計画する段階で，あらかじめ接地端子盤の設置および測定用補助極（C，P）を埋設しておくと測定しやすくなる．図6・6（a）に測定回路図を示す．

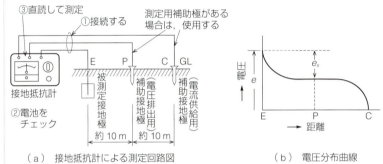

(a) 接地抵抗計による測定回路図　　　（b）電圧分布曲線

図6・6　接地抵抗計による測定回路図

① 接地抵抗計と被測定接地極，および補助接地極（または測定用補助極）P，Cをリード線を用いて図6・6（a）のように接続する．
② 接地抵抗計の電池の良否を確認するため，押しボタンを押す．
③ 接地抵抗計を測定モードにして直読する．測定したい被測定接地極にリード線を付け替えて，直読する．

（留意事項）
1. 被測定接地極と補助接地極は，電位の干渉を受けないために，ほぼ一直線上にし，約10mずつ離す．
2. 接地電圧が10V以上の場合は，その原因を調べ，離線などで10V未満にする．
3. 接地端子盤内の各端子について，「接地種別」および1次・2次側の表示を確認する．

（測定原理）
接地抵抗の測定法として，広く採用されているのは電位降下法で

ある．図 6・6(a) の E-C 間に交流電圧 e を加えて試験電流 i を流し，P 極の位置を変えて，E-P 間の電圧を測定すると図 6・6（b）のような電圧分布曲線となる．

　図に示すように，P の位置を変えても電圧がほぼ一定部分を大地の基準点とし，E-P 間の電圧を E-C 間の試験電流 i で割った値を接地抵抗と定義している．

6.5 絶縁抵抗測定

絶縁抵抗測定は，設備機器やケーブルなどの電路の絶縁状態の確認や，絶縁不良箇所の調査のために実施する．低圧回路には 500 V 絶縁抵抗計を使用し，高圧ケーブルや高圧機器など高圧回路には，1 000 V 以上の高電圧絶縁抵抗計を使用する．

絶縁抵抗値は，温度，湿度や汚染度合いに影響を受けるため，機器の劣化状態を測定値のみで判断するのではなく，定期的な測定により変化を見て判断することが必要である．

ケーブルの絶縁抵抗測定

絶縁抵抗の特性
温度：絶縁体は温度が高くなると絶縁抵抗が低下する
湿度：絶縁体に水分が吸湿すると，導電性が高まり絶縁抵抗は低下する

ケーブルの残留電荷を取り除き，両端をラインから切り離し，金属シースと大地間に 500～1 000 V 絶縁抵抗計で絶縁抵抗を測定し，1 MΩ 以上を確認する．次に**図 6・7** (a) の絶縁抵抗の測定回路において，1 000～5 000 V 絶縁抵抗計で導体と遮へい層間で絶縁体の絶縁抵抗を測定し，2 000～10 000 MΩ 以上を確認する．

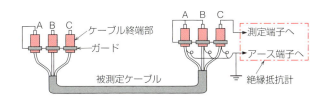

(a) 絶縁抵抗測定回路

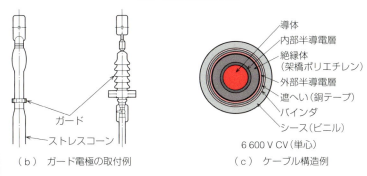

(b) ガード電極の取付例　　(c) ケーブル構造例

図 6・7

高圧設備機器の絶縁抵抗測定

絶縁抵抗値の管理値
低圧電路は電技解釈第14条で規定されているが，高圧電路では規定値がない．JEMAで，各機器の推奨目安値を出しているので参考にするとよい

ガード電極の取付例を図6・7(b)に，ケーブル構造例を図6・7(c)に示す．

高圧配電盤の絶縁抵抗を測定する場合，停電を確認したあとケーブルなど充電電荷があるため，まず接地器具で電荷を放電させる．絶縁抵抗計のE端子（接地側）をアース側に，L端子（線路側）を測定物に接続する．低圧電路や機器の絶縁抵抗を測定する場合は，回路電圧に合わせた測定電圧で実施すること．また，電子回路など測定電圧で損傷の恐れがある用品は回路から切り離しておくことが必要である．**図6・8**に示す作業順序（①〜⑤）で行うとよい．

① 断路器（DS）が開いていることを確認する．
② 主回路が無電圧であることを確認する．
③ 高圧遮断器（VCB）を投入し，回路を閉状態とする．
④ 主回路母線を三相一括短絡処置し，絶縁抵抗計のL端子に接続する．
⑤ 絶縁抵抗計のE端子を配電盤の接地端子に接続する．

6.5 ●絶縁抵抗測定

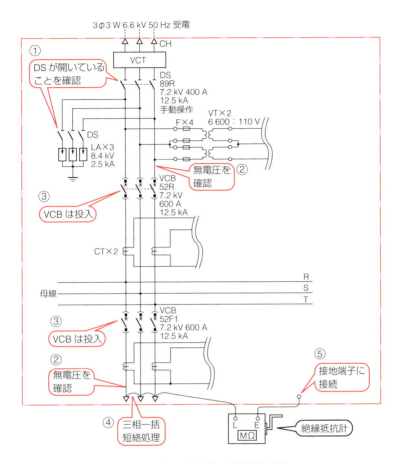

図6・8 高圧受電設備の絶縁抵抗測定

6.6 絶縁耐力試験

電圧の表現
高圧受電設備で用いている標準電圧，公称電圧，最大使用電圧は，次のとおりである．
標準電圧(E_s)：6 kV
公称電圧(E_p)
：6.6 kV
$E_p = 1.1 E_s$
最大使用電圧(E_m)
：6.9 kV
$E_m = \dfrac{1.15 E_p}{1.1}$
$= 1.15 E_s$

絶縁耐力試験は，新設，増設あるいは更新するときなどに実施する．高圧受電設備の場合の試験電圧は1.5×最大使用電圧（6.9 kV）を10分間加える．

試験電圧加圧後に1次電流，2次電流を記録し，また，加圧前後に実施した絶縁抵抗値に大きな変化がなく，振動，異音がないことを確認する．

配電盤・機器や電路などの交流回路の絶縁耐力試験は，一般には交流耐電圧試験器で行うのが原則であるが，高圧ケーブルで長尺の場合，非常に大きな充電電流が流れるので，大容量な試験設備が必要となる．そのため，電技解釈では，交流の2倍（6.6 kV 回路では20.7 kV）の直流電圧による絶縁耐力試験が認められている．

COLUMN

電気設備の事故・故障の発生要因

平成17〜18年に行った電気設備の事故・故障の発生要因調査では，設備的要因67.9％，マネジメント的要因44.3％，外的要因30.9％，人的要因16.7％の結果であった．設備的要因の割合が一番多いことから，設備の保守点検がいかに重要であるかがよくわかる．

表6・4 「事故・故障」事例の要因別割合

	要　因	割　合
1	設備的要因	67.9％
2	マネジメント的要因	44.3％
3	外的要因	30.9％
4	人的要因	16.7％

出典：(一社)日本電機工業会，「何故産業事故は起きているのでしょうか？」，2007年3月

試験回路図

絶縁耐力試験時の注意
絶縁耐力試験は高電圧を印加するため, 実施する前に, 必ず絶縁抵抗を測定し, 実施しても大丈夫か確認すること

6.6 kV の場合, 試験電圧は 10.35 kV（＝1.5×6.9 kV）の高電圧を印加するため, 避雷器, 半導体製品や弱電回路用品は除外する必要がある. そのためには, 3線接続図を用いて短絡接地する場所や断路器など断路する箇所にチェックを入れておくことで, 実施した後の復旧忘れがなくなる.

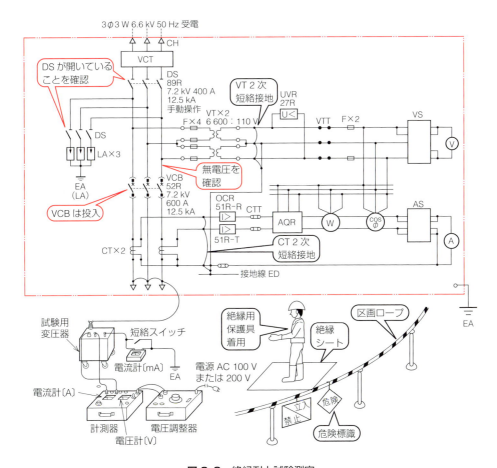

図6・9　絶縁耐力試験測定

6.7 保護継電器の動作特性試験

高圧受電の事故の多くは，地絡と短絡事故によるものである．**保護継電器**は電路や機器に異常が発生した場合，地絡電流や短絡電流を確実に検出し，事故回路を遮断器で遮断することで速やかに事故回路を除去するとともに，電力会社の配電線への波及を防止する重大な役割を担っている．そのためには，定期点検で保護継電器の試験を実施し，正常なことを確認しておくことが重要である．

試験方法

過電流継電器単体の試験回路を**図6・10**，**図6・11**に示す．規格範囲内の動作特性を有しているか，試験により確認する．

動作試験は，図6・10の試験回路を構成し，入力電流を0Aから徐々に上げていき，出力接点（a接点）が閉じたときの電流を測定し，管理基準値内であることを確認し記録する．**表6・5**に示す判定基準（**JIS C 4602**）の動作電流により判定する．

時間特性試験は，図6・11の試験回路で，入力電流を0Aから最小整定値まで急変させ，入力電流通電から出力接点（a接点）が閉じるまでの時間を測定し，管理基準値内であることを確認し記録する．表6・5の動作時間により判定する．

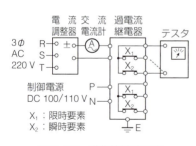

図6・10 動作値試験回路

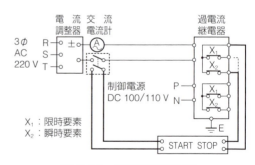

図6・11 時間特性試験回路

表6・5 判定基準（JIS C 4602）

動作電流	限時要素	タップ整定値に対して±10%以内であること
	瞬時要素	タップ整定値に対して±15%以内であること
動作時間	限時要素	300%入力で公称動作時間の±17%以内であること
		700%入力で公称動作時間の±12%以内であること
	瞬時要素	200%入力で0.05 s以下であること

6.8 計器用変成器の極性試験

計器用変圧器や変流器の極性は，**JIS C 1731** で減極性と規定されている．極性には，減極性と加極性があり，**図6・12** に示す極性試験の原理で直流電圧を1次側に加え2次巻線に誘起される電流の向きにより判別する．

スイッチを入れたとき電流計が正方向に振れ，スイッチを開くと負の方向に振れる場合を減極性という．電流計の振れが逆になる場合を加極性という．

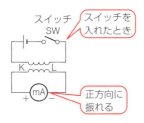

図6・12　極性確認の原理

試験方法

図6・13 に **CT** の極性試験回路を示す．スイッチを入れたときに電流計が正方向に振れると減極性である．**図6・14** に **VT** の極性試験回路，**図6・15** に **ZCT** の極性試験回路を示す．同様にスイッチを入れたときの電流計の振れる方向により減極性，加極性を判断する．

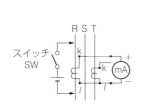 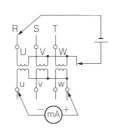 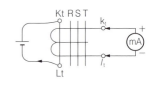

図6・13　CTの極性試験回路　　図6・14　VTの極性試験回路　　図6・15　ZCTの極性試験回路

高圧受電設備の更新推奨時期

JEMA（日本電機工業会）では，通常の保守点検を行いながら使用した場合に，経済性を含めて，一般的に有利となる更新時期を**表6・6**に示す年数で推奨している．

表6・6　JEMAによる更新推奨時期

機　種	更新推奨時期（使用開始後）
高圧交流負荷開閉器	屋内用15年（または負荷電流開閉回数200回）
	屋外用10年（または負荷電流開閉回数200回）
断路器	手動操作20年（または操作回数1 000回）
避雷器	15年
交流遮断器	20年（または規定開閉回数）
計器用変成器	15年
保護継電器	15年
高圧限流ヒューズ	屋内用15年
	屋外用10年
高圧交流電磁接触器	15年（または規定開閉回数）
高圧進相コンデンサ	15年
直列リアクトル	15年
高圧配電用変圧器	20年

保守点検の効果

図6・16は，バスタブ曲線と呼ばれ，使用年数と故障率の相関を表している．

定期的な保守点検や計画的な予防保全を実施することで，故障や事故を未然に防止し，不測の事態が発生しないようにすることが重要である．

また，長期稼動した設備の劣化状態などを総合評価するため，適切な時期に設備診断を実施し，部分更新などの延命化処置や更新時期を明確にすることが必要となる．

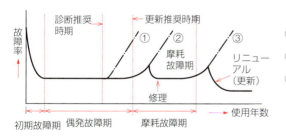

図6・16　バスタブ曲線

付録

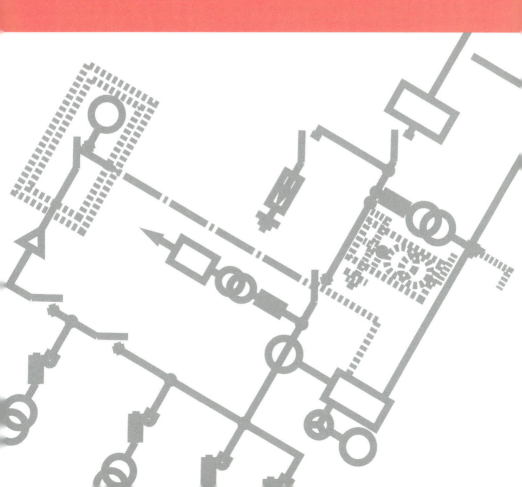

付録 1 各種単線接続図例

[1] 6.6 kV 高圧受電設備用単線接続図例

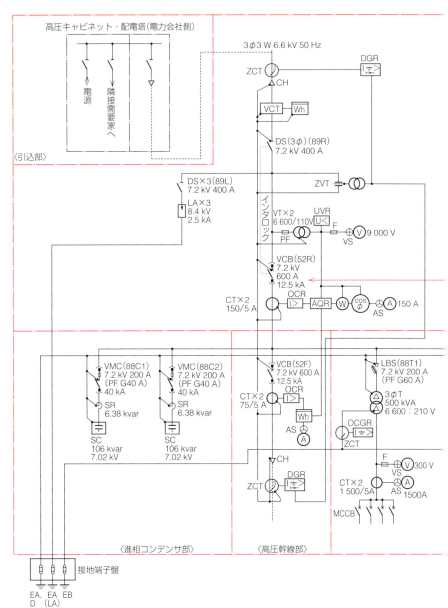

付録1 ●各種単線接続図例

凡 例

記号	名称	記号	名称
DS	断路器	G	発電機
T	変圧器	D/E	ディーゼルエンジン
VCT	電力需給用計器用変成器	Ⓐ	交流電流計
VCB	真空遮断器	Ⓥ	交流電圧計
LA	避雷器	Ⓦ	電力計
VT	計器用変圧器	(力率)	力率計
CT	変流器	Wh	電力量計
ZCT	零相変流器	Ⓐ AS	電流計切換スイッチ
ZVT	零相計器用変圧器	⊕ VS	電圧計切換スイッチ
MCCB	配線用遮断器	U<	不足電圧継電器
SC	進相コンデンサ	I>	過電流継電器
SR	直列リアクトル	I⇣>	地絡過電流継電器
VMC	真空電磁接触器	I⇣>	地絡方向継電器
PF	電力ヒューズ	AQR	自動力率調整装置
LBS	負荷開閉器		

〈受電部〉

6.6 kV 300 kVA 非常用発電機
D/E — G
VCB(52G) 7.2 kV 600 A 12.5 kA
CH
FPT 38□
CH
VCB(52GB) 7.2 kV 600 A 12.5 kA

インタロック

〈発電機連絡部〉

VCB(52B) 7.2 kV 600 A 12.5 kA

LBS(88T2) 7.2 kV 200A (PF G40 A)
3φT 300 kVA 6 600 : 210 V
ZCT — OCGR
F Ⓥ 300 V VS
CT×2 1 000/5 A Ⓐ AS 1 000 A
MCCB

LBS(88T3) 7.2 kV 200 A (PF G40 A)
1φT 100 kVA 6 600 : 210/105 V
ZCT — OCGR
F Ⓥ 300 V VS
CT×2 500/5 A Ⓐ AS 500 A
MCCB

LBS(88T4) 7.2 kV 200 A (PF G40 A)
3φT 300 kVA 6 600 : 210V
ZCT — OCGR
F Ⓥ 300 V VS
CT×2 1 000/5A Ⓐ AS 1 000 A
MCCB

LBS(88T5) 7.2 kV 200 A (PF G20 A)
1φT 50 kVA 6 600 : 210/105 V
ZCT — OCGR
F Ⓥ 300 V VS
CT×2 300/5 A Ⓐ AS 300 A
MCCB

〈変圧器部〉

付 録

[2] 22 kV 高圧スポットネットワーク受電設備単線結線図例

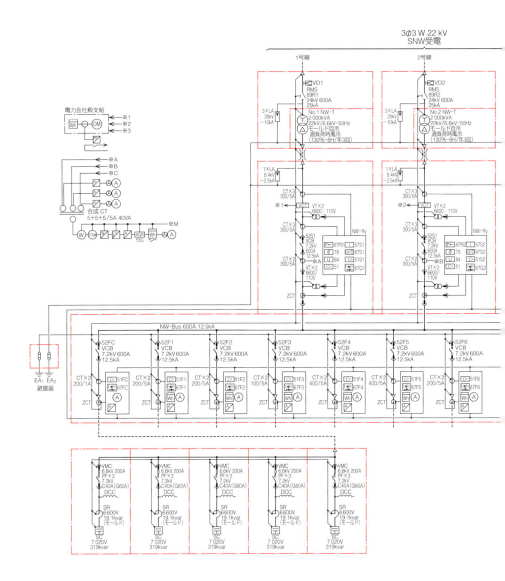

付録1 ●各種単線接続図例

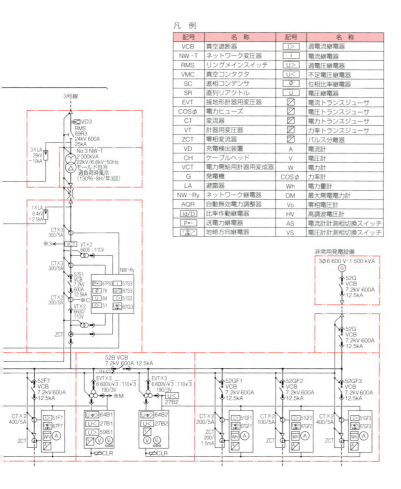

[3] 22 kV 低圧スポットネットワーク受電設備単線結線図

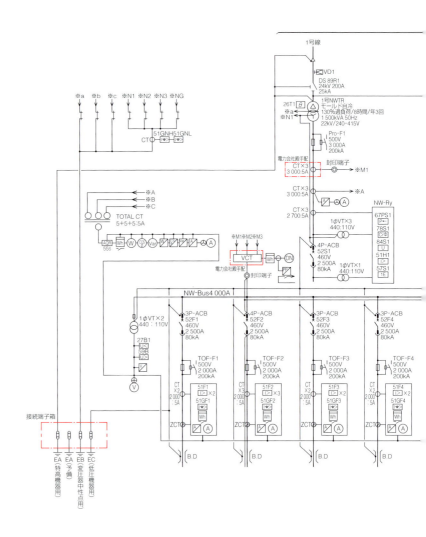

付録1 ●各種単線接続図例

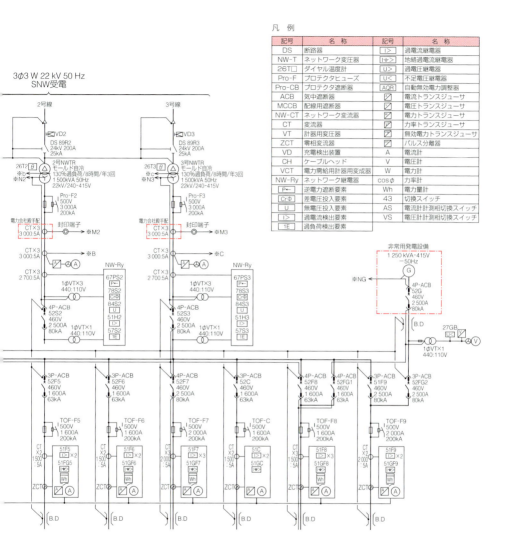

付録 2 単線接続図に必要な文字記号・図記号・器具番号

JIS は工業標準化法に基づいて制定される国家規格であり，最近では国際規格との整合が図られ，高圧受電設備に関連する文字記号や図記号についても，整合化が図られている．

文字記号や図記号は，単線接続図を作成するうえでなくてはならないものであり，高圧受電設備を取り扱う技術者にとってこれらを十分理解しておくことが大切である．

[1] JIS による文字記号（JIS，JCS より抜すい）

JIS，JCS では展開接続図に使用される機器および装置の文字記号について定めており，ここでは高圧受電設備に関係深いもののみ記載する．

機器分類	文字記号	用　語	文字記号に対応する外国語
変圧器・計器用変成器類	T	変圧器	Transformer
	VCT	電力需給用計器用変成器	Instrument transformer for metering service
	VT	計器用変圧器	Voltage transformer
	CT	変流器	Current transformer
	ZCT	零相変流器	Zero-phase-sequence current transformer
	EVT	接地形計器用変圧器	Earthed voltage transformer
	ZVT (ZPD)	零相計器用変圧器（コンデンサ形接地電圧検出装置）	Zero-phase voltage transformer (Zero-phase potential device)
	SC	進相コンデンサ	Static capacitor
	SR	直列リアクトル	Series reactor
開閉器・遮断器類	S	開閉器	Switch
	VS	真空開閉器	Vacuum switch
	AS	気中開閉器	Air switch
	LBS	負荷開閉器	Load break switch
		引外し形高圧交流負荷開閉器	Load break switch with tripping device
	PAS	柱上気中開閉器	Pole air-break switch
	CB	遮断器	Circuit breaker
	VCB	真空遮断器	Vacuum circuit breaker
	PC	高圧カットアウト	Primary cutout switch
	F	ヒューズ	Fuse
	PF	電力ヒューズ	Power fuse
	DS	断路器	Disconnecting switch
	ELCB	漏電遮断器	Earth-Leakage circuit breaker
	MCCB	配線用遮断器	Molded-case circuit breaker
	MC	電磁接触器	Electromagnetic contactor
	VMC	真空電磁接触器	Vacuum electromagnetic contactor
計器類	A	電流計	Ammeter
	V	電圧計	Voltmeter
	Wh	電力量計	Watt-hour meter
	var	無効電力計	Varmeter
	MDW	最大需要電力計	Maximum demand watt meter
	PF	力率計	Power-factor meter
	F	周波数計	Frequency meter
	AS	電流計切換スイッチ	Ammeter change-over switch

144

付録2 ●単線接続図に必要な文字記号・図記号・器具番号

機器分類	文字記号	用語	文字記号に対応する外国語
計器類	VS	電圧計切換スイッチ	Voltmeter change-over switch
継電器類	OCR	過電流継電器	Overcurrent relay
	GR	地絡継電器	Ground relay
	DGR	地絡方向継電器	Directional ground relay
	UVR	不足電圧継電器	Undervoltage relay
	OVR	過電圧継電器	Overvoltage relay
	DSR	短絡方向継電器	Phase directional relay
	OVGR	地絡過電圧継電器	Ground overvoltage relay
	RPR	逆電力継電器	Reverse power relay
	UFR	不足周波数継電器	Underfrequency relay
	UPR	不足電力継電器	Underpower relay
電線類	OC	屋外用架橋ポリエチレン絶縁電線	Crosslinked polyethylene insulated outdoor wire
	OE	屋外用ポリエチレン絶縁電線	Polyethylene insulated outdoor wire
	PD	高圧引下用絶縁電線	High-voltage drop wire for pole transformer
	KIP	高圧機器内配線用電線（EPゴム電線）	Ethylene propylene rubber insulated wire for cubicle type unit substation for 6.6 kV receiving
	KIC	高圧機器内配線用電線（架橋ポリエチレン絶縁電線）	Crosslinked polyethylene insulated wire for cubicle type unit substation for 6.6 kV receiving
	IV	600 V ビニル絶縁電線	600 V grade polyvinyl chloride insulated wire
	HIV	600 V 2種ビニル絶縁電線	600 V grade heat-resistant polyvinyl chloride insulated wire
	IE/F	耐燃性ポリエチレン絶縁電線（エコ電線）	600 V grade flame retardant polyethylene insulated wire
ケーブル類	CV	高圧架橋ポリエチレン絶縁ビニルシースケーブル	High-voltage crosslinked polyethylene insulated polyvinyl chloride sheathed cable
	CVT	トリプレックス形高圧架橋ポリエチレン絶縁ビニルシースケーブル	High-voltage triplex type crosslinked polyethylene insulated polyvinyl chloride sheathed cable
	CE/F	高圧架橋ポリエチレン絶縁耐燃性ポリエチレンシースケーブル（エコケーブル）	High-voltage cross-linked polyethylene insulated flame retardant polyethylene sheathed cable
	CET/F	トリプレックス形高圧架橋ポリエチレン絶縁耐熱性ポリエチレンシースケーブル	High-voltage triplex type crosslinked polyethylene insulated flame retardant polyethylene sheathed cable
	CE	高圧架橋ポリエチレン絶縁ポリエチレンシースケーブル	High-voltage crosslinked polyethylene insulated polyvinyl sheathed cable
	VV	600 V ビニル絶縁ビニルシースケーブル	600 V grade polyvinyl chloride insulated polyvinyl chloride sheathed cable
	FP	高圧耐火ケーブル	High-voltage fire-resistant cable
	FPT	トリプレックス形高圧耐火ケーブル	High-voltage triplex type fire-resistant cable
その他	SAR（LA）	避雷器	Surge arrester（Lightning arrester）
	M	電動機	Motor
	G	発電機	Generator
	CH	ケーブルヘッド	Cable head
	TC	引外しコイル	Trip coil
	TT	試験端子	Testing terminal
	E	接　地	Earthing
	ET	接地端子	Earth terminal
	THR	サーマルリレー	Thermal relay
	BS	ボタンスイッチ	Button switch
	PL	パイロットランプ	Pilot lamp

付　録

[2] JIS によるシンボル（図記号）（JIS C 0617 より抜すい）

名　称	シンボル(図記号)	説　明	名　称	シンボル(図記号)	説　明
電磁接触器		電磁接触器の主メーク接点（接点は、休止状態で開いている）	変圧器	様式 1 Form 1 / 様式 2 Form 2	負荷時タップ切換装置付星形三角結線の三相変圧器
遮断器(一般) 真空遮断器 気中遮断器 ガス遮断器 配線用遮断器		参考：JIS 旧図記号		様式 1 Form 1 / 様式 2 Form 2	2 巻線変圧器
断路器		参考：JIS 旧図記号		様式 1 Form 1 / 様式 2 Form 2	3 巻線変圧器
		参考：JIS 旧図記号		様式 1 Form 1 / 様式 2 Form 2	単巻変圧器
負荷開閉器		参考：JIS 旧図記号		様式 1 Form 1 / 様式 2 Form 2	遮へい付 2 巻線単相変圧器
ヒューズ		一般記号		様式 1 Form 1 / 様式 2 Form 2	中間点引出し単相変圧器
		機械式リンク機構の備わったヒューズ		様式 1 Form 1 / 様式 2 Form 2	計器用変圧器
		別個の警報回路が備わったヒューズ			
		ヒューズ付開閉器 参考：JIS 旧図記号			
		ヒューズ付断路器 参考：JIS 旧図記号			
		ヒューズ付負荷開閉器（負荷遮断用ヒューズ付閉器） 参考：JIS 旧図記号			
避雷器		避雷器			
変圧器	様式 1 Form 1 / 様式 2 Form 2	星形三角結線の三相変圧器（スターデルタ結線）			

付録2 ●単線接続図に必要な文字記号・図記号・器具番号

名称	シンボル(図記号)	説明	名称	シンボル(図記号)	説明
変圧器		接地形計器用変圧器 (JIS C 0617 にはなし)	保護継電器	$I>$	過電流継電器
零相計器用変圧器		高圧受電設備規程より (JIS C 0617 にはなし)		$I<$	不足電流継電器
変流器	様式1 Form 1	各々の鉄心に2個の二次巻線がある鉄心を2個使用する変流器 一次回路の格端に示す端子記号は，1台の機器が接続されることを意味している．端子の名称を利用している場合は，端子記号を省略できる．様式2では，鉄心記号を省略できる．		$U>$	過電圧継電器
	様式2 Form 2			$U<$	不足電圧継電器
				$I\overset{=}{\rightarrow}$	地絡過電流継電器
				$U\overset{=}{\rightarrow}$	地絡過電圧継電器
				$I\overset{=}{\rightarrow}$	地絡方向継電器
	様式1	1個の鉄心に2個の二次巻線がある変流器 様式2では，鉄心記号を描かなければならない		$f>$	過周波数継電器
	様式2			$f<$	不足周波数継電器
				Φ	位相比較継電器
	様式1 Form 1	二次巻線に一つのタップをもつ変流器		$P\leftarrow$	逆電力継電器
	様式2 Form 2			$Q>$	無効電力継電器
				$P>$	電力継電器
				$P<$	不足電力継電器
				$I>$	短絡方向継電器
零相変流器	様式1 Form 1	3本の一次導体をまとめて通したパルス変成器または変流器	計器	A	電流計
	様式2 Form 2			V	電圧計
				var	無効電力計
				$\cos\phi$	力率計
電力用コンデンサ		1. 単線図の図面上で接続されていないときは，次の例にならいその線を省いてもよい 2. 複線図用は，△結線の例を示す．3. 簡便に表示する場合は，次の図記号を用いてもよい		Hz	周波数計
			計量装置	Wh	電力量計
				$\overset{\rightarrow}{Wh}$	1方向にだけ流れるエネルギーを測定する電力量計
				$\overset{\rightarrow}{Wh}$	母線から流出するエネルギーを測定する電力量計
直列リアクトル		チョークリアクトル		$\overset{\leftarrow}{Wh}$	母線へ流入するエネルギーを測定する電力量計

付　録

名　称	シンボル(図記号)	説　明	名　称	シンボル(図記号)	説　明
電力量計	Wh	双方向電力量計	接点		ブレーク・メーク接点 参考：JIS 旧図記号
	varh	無効電力量計			非オーバラップ切換接点 参考：JIS 旧図記号
ランプ	⊗	ランプ(一般図記号) 信号ランプ(一般図記号) ランプの色を表示する必要がある場合．次の符号をこの図記号の近くに表示する RL＝赤　　WL＝白 YL＝黄 GL＝緑			中間オフ位置付切換接点 参考：JIS 旧図記号
ベル・ブザー		ベル	様式1 Form 1 様式2 Form 2		オーバラップ切換接点 参考：JIS 旧図記号
		ブザー			自動復帰接点 参考：JIS 旧図記号
変換装置		一般図記号(変換器)			
		直流-直流変換装置 (DC-DC コンバータ)			自動復帰しないメーク接点 残留機能付メーク接点 参考：JIS 旧図記号
		整流器(順変換装置)			
		全波接続(ブリッジ接続)の整流器			自動復帰するブレーク接点 参考：JIS 旧図記号
		インバータ(逆変換装置)			
限定図記号		接点機能			オフ位置付き切換え接点 中央にオフ位置が設けられていて，一方の位置(左側)から自動復帰し，反対の位置からは自動復帰しない双方向接点
	×	遮断機能			
	－	断路機能			
	○	負荷開閉機能			
	■	継電器または開放機構を備えた自動引外し機能			
接点		メーク接点 この図記号は，スイッチを表す一般図記号として使用してもよい 参考：JIS 旧図記号 旧図記号を用いた電気回路図を読むときの参考として対応する旧 JIS C 0301 系列の2の図記号を示す 様式1　　様式2	継電器コイル	様式1 Form 1 様式2 Form 2	一般図記号 複巻線をもつ作動装置は，それに相当する数の斜線を輪郭の中に引いて表示してもよい 参考：JIS 旧図記号
様式1 Form 1 様式2 Form 2					

付録2 ●単線接続図に必要な文字記号・図記号・器具番号

名　称	シンボル(図記号)	説　明	名　称	シンボル(図記号)	説　明
スイッチ		一般図記号 参考：JIS 旧図記号	リミット スイッチ		メーク接点のリミット スイッチ 参考：JIS 旧図記号
		押しボタンスイッチ （自動復帰メーク接点） 参考：JIS 旧図記号			ブレーク接点のリミット スイッチ 参考：JIS 旧図記号
		引きボタンスイッチ （自動復帰メーク接点）			機械的に連結される個別 のメーク接点とブレーク 接点をもったリミットス イッチ

[3] 制御器具番号（JEM 1090）

基本器具番号	器具名称	説　明
1	主幹制御器またはスイッチ	主要機器の始動・停止を開始する器具
2	始動もしくは閉路限時継電器または 始動もしくは閉路遅延継電器	始動もしくは閉路開始前の時刻設定を行う継電器または 始動もしくは閉路開始前に時間の余裕を与える継電器
3	操作スイッチ	機器を操作するスイッチ
4	主制御回路用制御器または継電器	主制御回路の開閉を行う器具
5	停止スイッチまたは継電器	機器を停止する器具
6	始動遮断器，スイッチ，接触器または 継電器	機械をその始動回路に接続する器具
7	調整スイッチ	機器を調整するスイッチ
8	制御電源スイッチ	制御電源を開閉するスイッチ
9	界磁転極スイッチ，接触器または継電器	界磁電流の方向を反対にする器具
10	順序スイッチまたはプログラム制御器	機器の始動または停止の順序を定める器具
11	試験スイッチまたは継電器	機器の動作を試験する器具
12	加速度スイッチまたは継電器	加速度で動作する器具
13	同期速度スイッチまたは継電器	同期速度または同期速度付近で動作する器具
14	低速度スイッチまたは継電器	低速で動作する器具
15	速度調整装置	回転機の速度を調整する装置
16	表示線監視継電器	表示線の故障を検出する継電器
17	表示線継電器	表示線継電方式に使用することを目的とする継電器
18	加速もしくは減速接触器または 加速もしくは減速継電器	加速または減速が予定値になったとき，次の段階に進める 器具
19	始動-運転切換接触器または継電器	機器を始動から運転に切り換える器具
20	補機弁	補機の主要弁
21	主機弁	主機の主要弁

付　録

基本器具番号	器具名称	説　明
22	漏電遮断器，接触器または継電器	漏電が生じたとき動作または交流回路を遮断する器具
23	温度調整装置または継電器	温度を一定の範囲に保つ器具
24	タップ切換装置	電気機器のタップを切り換える装置
25	同期検出装置	交流回路の同期を検出する装置
26	制止器温度スイッチまたは継電器	変圧器，整流器などの温度が予定値以上または以下になったとき動作する器具
27	交流不足電圧継電器	交流電圧が不足したとき動作する継電器
28	警報装置	警報を出すとき動作する装置
29	消火装置	消火を目的として動作する装置
30	機器の状態または故障表示装置	機器の動作状態または故障を表示する装置
31	界磁変更遮断器，スイッチ，接触器または継電器	界磁回路および励磁の大きさを変更する器具
32	直流逆流継電器	直流が逆に流れたとき動作する継電器
33	位置検出スイッチまたは装置	位置と関連して開閉する器具
34	電動順序制御器	始動または停止動作中主要装置の動作順序を定める制御器
35	ブラシ操作装置またはスリップリング短絡装置	ブラシを昇降もしくは移動する装置またはスリップリングを短絡する装置
36	極性継電器	極性によって動作する継電器
37	不足電流継電器	電流が不足したとき動作する継電器
38	軸受温度スイッチまたは継電器	軸受の温度が予定値以上，または予定値以下となったとき動作する器具
39	機械的異常監視装置または検出スイッチ	機器の機械的異常を監視または検出する器具
40	界磁電流継電器または界磁喪失継電器	界磁電流の有無によって動作する継電器または界磁喪失を検出する継電器
41	界磁遮断器，スイッチまたは接触器	機械に励磁を与えまたはこれを除く器具
42	運転遮断器，スイッチまたは接触器	機械をその運転回路に接続する器具
43	制御回路切換スイッチ，接触器または継電器	自動から手動に移すなどのように制御回路を切り換える器具
44	距離継電器	短絡または地絡故障点までの距離によって動作する継電器
45	直流過電圧継電器	直流の過電圧で動作する継電器
46	逆相または相不平衡電流継電器	逆相または相不平衡電流で動作する継電器
47	欠相または逆相電圧継電器	欠相または逆相電圧のとき動作する継電器
48	渋滞検出継電器	予定の時間以内に所定の動作が行われないとき動作する継電器
49	回転機温度スイッチもしくは継電器または過負荷継電器	回転機の温度が予定値以上もしくは以下となったとき動作する器具または機器が過負荷となったとき動作する器具
50	短絡選択継電器または地絡選択継電器	短絡または地絡回路を選択する継電器
51	交流過電流継電器または地絡過電流継電器	交流の過電流または地絡過電流で動作する継電器
52	交流遮断器または接触器	交流回路を遮断・開閉する器具
53	励磁継電器または励弧継電器	励磁または励弧の予定状態で動作する継電器
54	高速度遮断器	直流回路を高速度で遮断する器具
55	自動力率調整器または力率継電器	力率をある範囲に調整する調整器または予定力率で動作する継電器
56	すべり検出器または脱調継電器	予定のすべりで動作する検出器または同期外れを検出する継電器
57	自動電流調整器または電流継電器	電流をある範囲に調整する調整器または予定電流で動作する継電器
58	（予備番号）	―
59	交流過電圧継電器	交流の過電圧で動作する継電器

付録2 ●単線接続図に必要な文字記号・図記号・器具番号

基本器具番号	器具名称	説　　明
60	自動電圧平衡調整器または電圧平衡継電器	二回路の電圧差をある範囲に保つ調整器または予定電圧差で動作する継電器
61	自動電流平衡調整器または電流平衡継電器	二回路の電流差をある範囲に保つ調整器または予定電流差で動作する継電器
62	停止もしくは開路限時継電器または停止もしくは開路遅延継電器	停止もしくは開路前の時刻設定を行う継電器または停止もしくは開始前に時間の余裕を与える継電器
63	圧力スイッチまたは継電器	予定の圧力で動作する器具
64	地絡過電圧継電器	地絡を電圧によって検出する継電器
65	調速装置	原動機の速度を調整する装置
66	断続継電器	予定の周期で接点を反復開閉する継電器
67	交流電力方向継電器または地絡方向継電器	交流回路の電力方向または地絡方向によって動作する継電器
68	混入検出器	流体の中にほかの物質が混入したことを検出する器具
69	流量スイッチまたは継電器	流体の流れによって動作する器具
70	加減抵抗器	加減する抵抗器
71	整流素子故障検出装置	整流素子の故障を検出する装置
72	直流遮断器または接触器	直流回路を遮断・開閉する器具
73	短絡用遮断器または接触器	電流制限抵抗・振動防止抵抗などを短絡する器具
74	調整弁	流体の流量を調整する弁
75	制動装置	機械を制動する装置
76	直流過電流継電器	直流の過電流で動作する継電器
77	負荷調整装置	負荷を調整する装置
78	搬送保護位相比較継電器	被保護区間各端子の電流の位相差を搬送波によって比較する継電器
79	交流再閉路継電器	交流回路の再閉路を制御する継電器
80	直流不足電圧継電器	直流電圧が不足したとき動作する継電器
81	調速機駆動装置	調速機を駆動する装置
82	直流再閉路継電器	直流回路の再閉路を制御する継電器
83	選択スイッチ，接触器または継電器	ある電源を選択またはある装置の状態を選択する器具
84	電圧継電器	直流または交流回路の予定電圧で動作する継電器
85	信号継電器	送信または受信継電器
86	ロックアウト継電器	異常が起こったとき装置の応動を阻止する継電器
87	差動継電器	短絡または地絡差電流によって動作する継電器
88	補機用遮断器，スイッチ，接触器または継電器	補機の運転用遮断器，スイッチ，接触器または継電器
89	断路器または負荷開閉器	直流もしくは交流回路用断路器または負荷開閉器
90	自動電圧調整器または自動電圧調整継電器	電圧をある範囲に調整する器具
91	自動電力調整器または電力継電器	電力をある範囲に調整する器具または予定電力で動作する継電器
92	扉またはダンパ	出入口扉または風洞扉など
93	（予備番号）	―
94	引外し自由接触器または継電器	閉路操作中でも引外し装置の動作は自由にできる器具
95	自動周波数調整器または周波数継電器	周波数をある範囲に調整する器具または予定周波数で動作する継電器
96	静止器内部故障検出装置	静止器の内部故障を検出する装置
97	ランナ	カプラン水車のランナなど
98	連結装置	二つの装置を連結し動力を伝達する装置
99	自動記録装置	自動オシログラフ，自動動作記録装置，自動故障記録装置

付録3 単位

日本では1959年からメートル単位系の使用が計量法で規定されている.

1960年メートル系統一を目指し「国際単位系」の採用が国際度量衡総会で決議され,国際単位系（SI単位）に統一され,現在ではSI単位が使用されている.

受電設備においても単位の取扱いは重要な要素である.

[1] 主な単位のSI単位への換算表

従来使用されていた単位との換算は以下のようになる.

圧 力

SI単位	従来使用されていた単位				
Pa	bar	kgf/cm^2	atm	mmH$_2$O または mmAq	mmHg または Torr
1	1×10^{-5}	1.01972×10^{-5}	9.86923×10^{-5}	1.01972×10^{-1}	7.50062×10^{-3}
1×10^5	1	1.01972	9.86923×10^{-1}	1.01972×10^4	7.50062×10^2
9.80665×10^4	9.80665×10^{-1}	1	9.67841×10^{-1}	1×10^4	7.35559×10^2
1.01325×10^5	1.01325	1.03323	1	1.03323×10^4	7.60000×10^2
9.80665	9.80665×10^{-5}	1×10^{-4}	9.67841×10^{-5}	1	7.35559×10^{-2}
1.33322×10^2	1.33322×10^{-3}	1.35951×10^{-3}	1.31579×10^{-3}	1.35951×10	1

応 力

SI単位		従来使用されていた単位	
Pa	MPa または N/mm^2	kgf/mm^2	kgf/cm^2
1	1×10^{-6}	1.01972×10^{-7}	1.01972×10^{-5}
1×10^5	1	1.01972×10^{-1}	1.01972×10
9.80665×10^8	9.80665	1	1×10^2
9.80665×10^4	9.80665×10^{-2}	1×10^{-2}	1

仕事・エネルギー・熱量

SI単位	従来使用されていた単位		
J	kW·h	kgf·m	kcal
1	2.77778×10^{-7}	1.01972×10^{-1}	2.38889×10^{-4}
3.60000×10^6	1	3.67099×10^5	8.60000×10^2
9.80665	2.72407×10^{-6}	1	2.34270×10^{-3}
4.18605×10^3	1.16279×10^{-3}	4.26858×10^2	1

仕事率・(工事・動力) 熱流

SI 単位	従来使用されていた単位		
W	kgf・m/s	PS	kcal/h
1	1.01972×10^{-1}	1.35962×10^{-3}	8.60000×10^{-1}
9.806 65	1	1.33333×10^{-2}	8.433 71
7.35500×10^2	7.50000×10	1	6.32529×10^2
1.162 79	1.18572×10^{-1}	1.58095×10^{-3}	1

[2] 電気に関わる主な量記号と計量単位

(JIS Z 8000 より抜すい)

量	量単位	単位の名称	SI 単位記号	SI 単位の 10 の整数乗倍の選択
電 流	I	アンペア	A	kA, mA, μA, nA
電 圧	U	ボルト	V	kV, mV, μV
電 荷	Q	クーロン	C	kC, μC, nC
電荷密度	ρ	クーロン毎立方メートル	C/m^3	C/cm^3, kC/m^3, mC/m^3
電界の強さ	E	ボルト毎メートル	V/m	V/cm, mV/m, μV/m
電位, 電位差	V	ボルト	V	kV, mV, μV
電源電圧	E	ボルト	V	kV, mV, μV
静電容量, キャパシタンス	C	ファラド	F	mF, μF, pF
誘電率	ε	ファラド毎メートル	F/m	mF/m, μF/m, pF/m
電流密度	J	アンペア毎平方メートル	A/m^2	A/mm^2, A/cm^2
磁界強度	H	アンペア毎メートル	A/m	kA/m, A/mm, A/cm
磁束密度	B	テスラ	T	mT, μT, nT
磁 束	ϕ	ウェーバ	Wb	mWb
自己インダクタンス	L	ヘンリー	H	mH, μH, nH
相互インダクタンス	M	ヘンリー	H	mH, μH, nH
透磁率	μ	ヘンリー毎メートル	H/m	μH/m, nH/m
抵 抗	R	オーム	Ω	kΩ, mΩ, $\mu\Omega$
コンダクタンス	G	ジーメンス	S	kS, mS, μS
抵抗率	ρ	オームメートル	$\Omega \cdot$m	k$\Omega\cdot$m, $\Omega\cdot$m, m$\Omega\cdot$m
導電率	γ, σ	ジーメンス毎メートル	S/m	MS/m, kS/m
インピーダンス	Z	オーム	Ω	MΩ, kΩ, mΩ
周波数	f	ヘルツ	Hz	GHz, MHz, kHz
回転速度	n	毎 秒	s^{-1}	
角周波数	ω	ラジアン毎秒	rad/s	
位相差	ψ	ラジアン	rad	
リアクタンス	X	オーム	Ω	MΩ, kΩ, mΩ
有効電力	P	ワット	W	MW, kW, mW
皮相電力	S	ボルトアンペア	V$\cdot$A	MVA, kVA
無効電力	Q	バール	var	kvar
力 率	λ	無名数の1	数値のみ表示	
損失率	d	無名数の1	数値のみ表示	
有効電力量	W	ジュール	J	GJ, MJ, kJ

付録4 受電設備機器に関連する規格

高圧受電設備に関連する機器の規格を以下に示す.

[1] 主な規格名称

規格名称	通称	取扱団体等名称
日本工業規格	JIS 規格	(一財) 日本規格協会
電気学会電気規格調査会標準規格	JEC 規格	(一社) 電気学会
日本電機工業会規格	JEM 規格	(一社) 日本電機工業会
日本電線工業会規格	JCS 規格	(一社) 日本電線工業会
電池工業会規格	SBA 規格	(一社) 電池工業会
日本照明器具工業会規格	JIL 規格	(一社) 日本照明器具工業会
日本電球工業会規格	JLMA 規格	(一社) 日本電球工業会
電力会社規格	電力用規格	電気事業連合会
陸用内燃機関協会団体規格	LES 規格	(一社) 日本陸用内燃機関協会
日本配線システム工業会規格	JWDS 規格	(一社) 日本配線システム工業会
日本電気制御機器工業会規格	NECA 規格	(一社) 日本電気制御機器工業会

[2] 日本工業規格（JIS 規格：Japanese Industrial Standard）

規格番号	規格名称
JIS C 1102-1（2011）	直動式指示電気計器　第1部：定義及び共通する要求事項
JIS C 1102-2（1997）	直動式指示電気計器　第2部：電流計及び電圧計に対する要求事項
JIS C 1102-3（1997）	直動式指示電気計器　第3部：電力計及び無効電力計に対する要求事項
JIS C 1102-4（1997）	直動式指示電気計器　第4部：周波数計に対する要求事項
JIS C 1102-5（1997）	直動式指示電気計器　第5部：位相計，力率計及び同期検定器に対する要求事項
JIS C 1102-7（1997）	直動式指示電気計器　第7部：多機能計器に対する要求事項
JIS C 1102-8（1997）	直動式指示電気計器　第8部：附属品に対する要求事項
JIS C 1102-9（1997）	直動式指示電気計器　第9部：試験方法
JIS C 1103（1984）	配電盤用指示電気計器寸法
JIS C 1210（1979）	電力量計類通則
JIS C 1211-1（2009）	電力量計（単独計器）—第1部：一般仕様
JIS C 1211-2（2014）	電力量計（単独計器）—第2部：取引又は証明用
JIS C 1216-1（2009）	電力量計（変成器付計器）—第1部：一般仕様
JIS C 1216-2（2014）	電力量計（変成器付計器）—第2部：取引又は証明用
JIS C 1263-1（2009）	無効電力量計—第1部：一般仕様
JIS C 1263-2（2014）	無効電力量計—第2部：取引又は証明用
JIS C 1281（1979）	電力量計類の耐候性能
JIS C 1283-1（2009）	電力量，無効電力量及び最大需要電力表示装置（分離形）—第1部：一般仕様
JIS C 1283-2（2014）	電力量，無効電力量及び最大需要電力表示装置（分離形）—第2部：取引又は証明用
JIS C 1302（2014）	絶縁抵抗計
JIS C 1604（2013）	測温抵抗体
JIS C 1731-1（1998）	計器用変成器—（標準用及び一般計測用）　第1部：変流器
JIS C 1731-2（1998）	計器用変成器—（標準用及び一般計測用）　第2部：計器用変圧器
JIS C 3102（1984）	電気用軟銅線
JIS C 3307（2000）	600V ビニル絶縁電線（IV）
JIS C 3316（2008）	電気機器用ビニル絶縁電線

付録4 受電設備機器に関連する規格

規格番号	規格名称
JIS C 3317（2000）	600 V 二種ビニル絶縁電線（HIV）
JIS C 3342（2012）	600 V ビニル絶縁ビニルシースケーブル（VV）
JIS C 3401（2002）	制御用ケーブル（CVV）
JIS C 3605（2002）	600 V ポリエチレンケーブル（CV）
JIS C 3606（2003）	高圧架橋ポリエチレンケーブル（CV，CVT）
JIS C 3612（2002）	600 V 耐燃性ポリエチレン絶縁電線
JIS C 4034-1（1999）	回転電気機械—第1部：定格及び特性
JIS C 4034-5（1999）	回転電気機械—第5部：外被構造による保護方式の分類
JIS C 4034-6（1999）	回転電気機械—第6部：冷却方式による分類
JIS C 4304（2013）	配電用6 kV 油入変圧器
JIS C 4306（2013）	配電用6 kV モールド変圧器
JIS C 4402（2010）	浮動充電用サイリスタ整流装置
JIS C 4411-1（2015）	無停電電源装置（UPS）—第1部：安全要求事項
JIS C 4411-2（2015）	無停電電源装置（UPS）—第2部：電磁両立（EMC）要求事項
JIS C 4411-3（2015）	無停電電源装置（UPS）—第3部：性能及び試験要求事項
JIS C 4510（1991）	断路器操作用フック棒
JIS C 4601（1993）	高圧受電用地絡継電装置
JIS C 4602（1986）	高圧受電用過電流継電器
JIS C 4603（1990）	高圧交流遮断器
JIS C 4604（1988）	高圧限流ヒューズ
JIS C 4605（1998）	高圧交流負荷開閉器
JIS C 4606（2011）	屋内用高圧断路器
JIS C 4607（1999）	引外し形高圧交流負荷開閉器
JIS C 4608（2015）	高圧避雷器（屋内用）
JIS C 4609（1990）	高圧受電用地絡方向継電装置
JIS C 4610（2005）	機器保護用遮断器
JIS C 4611（1999）	限流ヒューズ付高圧交流負荷開閉器
JIS C 4620（2004）	キュービクル式高圧受電設備
JIS C 4901（2013）	低圧進相コンデンサ
JIS C 4902-1（2010）	高圧及び特別高圧進相コンデンサ並びに附属機器—第1部：コンデンサ
JIS C 4902-2（2010）	高圧及び特別高圧進相コンデンサ並びに附属機器—第2部：直列リアクトル
JIS C 4902-3（2010）	高圧及び特別高圧進相コンデンサ並びに附属機器—第3部：放電コイル
JIS C 4908（2007）	電気機器用コンデンサ
JIS C 5962（2001）	光ファイバコネクタ通則
JIS C 6820（2009）	光ファイバ通則
JIS C 8201-1（2007）	低圧開閉装置及び制御装置—第1部：通則
JIS C 8201-2-1（2011）	低圧開閉装置及び制御装置—第2部：回路遮断器（配線用遮断及びびその他の遮断器）
JIS C 8201-2-2（2011）	低圧開閉装置及び制御装置—第2部：漏電遮断器
JIS C 8201-3（2009）	低圧開閉装置及び制御装置—第3部：開閉器，断路器，断路用開閉器及びヒューズ組みユニット
JIS C 8201-4-1（2011）	低圧開閉装置及び制御装置—第4部：接触器及びモータスタータ—第1節：電気機械式接触器及びモータスタータ
JIS C 8201-5-1（2010）	低圧開閉装置及び制御装置—第5部：制御回路機器及び開閉素子—第1節：電気機械制御回路機器
JIS C 8314（2015）	配線用筒形ヒューズ
JIS C 8364（2008）	バスダクト
JIS C 8374（1991）	漏電継電器
JIS C 8704-1（2006）	据置鉛蓄電池——般的要求事項及び試験方法—第1部：ベント形
JIS C 8704-2-1（2006）	据置鉛蓄電池——般的要求事項及び試験方法—第2-1部：制御弁式—試験方法
JIS C 8704-2-2（2006）	据置鉛蓄電池——般的要求事項及び試験方法—第2-2部：制御弁式—要求事項
JIS C 8706（2010）	据置ニッケル・カドミウムアルカリ蓄電池

付　　録

[3] 電気学会電気規格調査会標準規格
（JEC 規格：Standard of the Japanese Electrotechnical Committee）

規格番号	規格名称
JEC-160-1978	気中遮断器
JEC-203-1978	避雷器
JEC-217-1984	酸化亜鉛形避雷器
JEC-1201-2007	計器用変成器（保護継電器用）
JEC-2100-2008	回転電気機械一般
JEC-2130-2016	同期機
JEC-2137-2000	誘導機
JEC-2200-2014	変圧器
JEC-2210-2003	リアクトル
JEC-2220-2007	負荷時タップ切換装置
JEC-2300-2010	交流遮断器
JEC-2310-2014	交流断路器及び接地開閉器
JEC-2330-1996	電力ヒューズ
JEC-2350-2005	ガス絶縁開閉装置
JEC-2374-2015	酸化亜鉛形避雷器
JEC-2410-2010	半導体電力変換装置
JEC-2431-1985	半導体交流無停電電源システム
JEC-2433-2016	無停電電源システム
JEC-2440-2013	自励半導体電力変換装置
JEC-2500-2010	電力用保護継電器
JEC-2510-1989	過電流継電器
JEC-2511-1995	電圧継電器
JEC-2512-2002	地絡方向継電器
JEC-2515-2005	電力機器保護用比率差動継電器
JEC-2518-2015	ディジタル形過電流リレー
JEC-2519-2015	ディジタル形周波数リレー

[4] 日本電機工業会規格
（JEM 規格：Standard of the Japan Electrical Manufacturers' Association）

規格番号	規格名称
JEM 1038：1990	電磁接触器
JEM 1090：2008	制御器具番号
JEM 1093：2008	交流変電所用制御器具番号
JEM 1115：2008	配電盤・制御盤・制御装置の用語及び文字記号
JEM 1118：1998	変圧器の騒音レベル基準値
JEM 1132：2011	配電盤・制御盤の配線方式
JEM 1134：2005	配電盤・制御盤の交流の相又は直流の極性による器具及び導体の配置及び色別
JEM 1135：2009	配電盤・制御盤及びその取付器具の色彩
JEM 1136：2009	配電盤用・制御盤用模擬母線
JEM 1167：2007	高圧交流電磁接触器
JEM 1219：2001	交流負荷開閉器
JEM 1225：2007	高圧コンビネーションスイッチ
JEM 1265：2006	低圧金属閉鎖形スイッチギヤ及びコントロールギヤ
JEM 1267：2006	配電盤・制御盤の保護構造の種別
JEM 1293：1995	低圧限流ヒューズ通則

規格番号	規格名称
JEM 1310：2001	乾式変圧器の温度上昇限度及び基準巻線温度（耐熱クラス H）
JEM 1323：2013	配電盤・制御盤の接地
JEM 1354：2014	エンジン駆動陸用同期発電機
JEM 1356：1994	電動機用熱動形及び電子式保護継電器
JEM 1357：1995	電動機用静止形保護継電器
JEM 1362：1999	サージ吸収用及び接地用コンデンサ
JEM 1363：1996	配線用低圧限流ヒューズ
JEM 1425：2011	金属閉鎖形スイッチギヤ及びコントロールギヤ
JEM 1435：2014	非常用陸用同期発電機
JEM 1459：2013	配電盤・制御盤の構造及び寸法
JEM 1460：2006	配電盤・制御盤の定格及び試験
JEM 1486：2003	200 V 級及び 400 V 級配電用変圧器
JEM 1496：2013	高圧カットアウト
JEM 1499：2012	定格 72 kV 及び 84 kV 用金属閉鎖スイッチギヤ
JEM 1500：2014	特定エネルギー消費機器対応の油入変圧器における基準エネルギー消費効率
JEM 1501：2014	特定エネルギー消費機器対応のモールド変圧器における基準エネルギー消費効率

[5] 日本電線工業会規格
（JCS 規格：Japanese Cable Maker's Association Standard）

規格番号	規格名称
JCS 0168-1：2016	33 kV 以下電力ケーブルの許容電流計算　第 1 部：計算式および定数
JCS 0168-2：2016	33 kV 以下電力ケーブルの許容電流計算　第 2 部：低圧ゴムプラスチックケーブルの許容電流
JCS 0168-3：2016	33 kV 以下電力ケーブルの許容電流計算　第 3 部：高圧架橋ポリエチレンケーブルの許容電流
JCS 0168-4：2010	33 kV 以下電力ケーブルの許容電流計算　第 4 部：22 kV，33 kV 架橋ポリエチレンケーブルの許容電流
JCS 1226：2003	軟銅より線
JCS 1236：2001	平編銅線
JCS 3410：2002	600 V ポリエチレン絶縁電線
JCS 3417：2003	600 V 耐燃性架橋ポリエチレン絶縁電線（EM-IC）
JCS 4258：2003	制御用ケーブル（遮へい付き）
JCS 4353：2013	高圧 EP ゴム絶縁ビニル絶縁クロロプレンキャブタイヤケーブル
JCS 4398：2013	屋内配線用ユニットケーブル
JCS 4425：2015	屋内配線用 EM ユニットケーブル
JCS 4506：2013	低圧耐火ケーブル
JCS 4507：2013	高圧耐火ケーブル
JCS 5224：2014	市内対ポリエチレン絶縁ビニルシースケーブル（CPEV）
JCS 5287：2011	市内対ポリエチレン絶縁ポリエチレンシースケーブル（CPEE）
JCS 5420：2011	市内対ポリエチレン絶縁耐燃性ポリエチレンシースケーブル

[6] 電池工業会規格
（SBA 規格：Japan Storage Battery Association Standard）

規格番号	規格名称
SBA S 0601：2014	据置蓄電池の容量算出法

[7] 日本配線器具工業会規格
（JWDS 規格：Japan Wiring Devices Standard）

規格番号	規格名称
JWDS 0019：2001	配線用図記号（配線器具）
JWDS 0032：2007	フラッシプレート

[8] 日本陸用内燃機関協会規格
（LES 規格：Land Engine Standard）

規格番号	規格名称
LES 3001：2007	陸用水冷ディーゼルエンジン（交流発電機用）
LES R 3004：2008	陸用ディーゼル機関の燃料性状
LES 4001：2002	陸用水冷4サイクルガスエンジン
LES 4003：2003	ガスエンジン用燃料ガス性状基準

[9] 日本内燃力発電設備協会規格
（NEGA 規格：Nippon Engine Generator Association）

規格番号	規格名称
NEGA C201：2015	自家発電設備の出力算定法
NEGA D201：2015	自家発電設備の出力算定法資料（解説編）

付録 5 高圧受電設備の施設における基本事項

電気事業者から高圧で受電する自家用電気工作物の保安を確保することを目的とした「高圧受電設備規程」が平成14年に制定され，その後平成26年に改訂し発刊されている．この規定の中で，高圧受電設備の基本事項として以下のように規定している．

[1] 保安上の責任分界点の設定

保安上の責任分界点は，自家用電気工作物設置者（以下「自家用」という．）の構内に設定すること．ただし，電気事業者が自家用引込線専用の分岐開閉器を施設する場合又は特別の理由により自家用の構内に設定することが困難な場合は，保安上の責任分界点を自家用の構外に設定することができる．

[2] 区分開閉器の施設

1. 保安上の責任分界点には，区分開閉器を施設すること．ただし，電気事業者が自家用引込線専用の分岐開閉器を施設する場合は，保安上の責任分界点に近接する箇所に区分開閉器を施設することができる．
〔注〕保安上の責任分界点は，電気事業者との協議によって定められ，一般的には財産分界点と一致するが，施設形態によって異なる場合がある．
2. 区分開閉器には，高圧交流負荷開閉器を使用すること．ただし，電気事業者が自家用引込線専用の分岐開閉器を施設する場合において，断路器を屋内，又は金属製の箱に収めて屋外に施設し，かつ，これを操作するとき負荷電流の有無が容易に確認できるように施設する場合は，区分開閉器として断路器を使用することができる．
3. 高圧交流負荷開閉器は，絶縁油を使用したものでないこと．

[3] 主遮断装置の施設

1. 保安上の責任分界点の負荷側電路には，責任分界点に近い箇所に主遮断装置を施設すること．
2. 主遮断装置は，電路に過電流および短絡電流を生じたときに自動的に電路を遮断する能力を有するものであること．

[4] 地絡遮断装置の施設

保安上の責任分界点には，地絡遮断装置を施設すること．ただし，保安上の責任分界点に近い箇所に地絡遮断装置が施設されており，地絡による波及事故のおそれがない場合は，この限りでない．

[5] 受電設備容量の制限

受電設備容量は，主遮断装置の形式および受電設備方式により，表1のそれぞれに該当する欄に示す値を超えないこと．

表1　主遮断装置の形式と受電設備方式ならびに設備容量

受電設備方式	主遮断装置の形式		CB形〔kVA〕	PF·S形〔kVA〕
箱に収めないもの	屋外式	屋上式		150
		柱上式	—	100
		地上式		150
	屋内式			300
箱に収めるもの	キュービクル（JIS C 4620 に適合するもの）		2 000	300
	上記以外のもの（JIS C 4620 に準ずるものまたは JEM 1425 に適合するもの）			300

〔備考1〕表の空欄は，該当する方式については，容量の制限がないことを示す．
〔備考2〕表の欄に—印が記入されている方式は，使用しないことを示す．
〔備考3〕「箱に収めないもの」は，施設場所において組み立てられる受電設備を指し，一般的にパイプフレームに機器を固定するもの（屋上式，地上式，屋内式）や，H柱を用いた架台に機器を固定するもの（柱上式）がある．
〔備考4〕箱に収めるものは，金属箱内に機器を固定するものであり，「JIS C 4620 に適合するもの」および「JIS C 4620 に準ずるもの又は JEM 1425 に適合するもの」がある．
〔備考5〕JIS C 4620 は，受電設備容量 4 000 kVA 以下が適用範囲となっている．

[6] 受電設備方式の制限

1. 柱上式は，保守点検に不便であるから，地域の状況および使用目的を考慮し，他の方式を使用することが困難な場合に限り，使用すること．
2. PF・S形は，負荷設備に高圧電動機を有しないこと．

付録6 保安規程

電気工作物を工事，維持または運用するために保安規程の作成が義務づけられている．保安規程に記載する事項および保安規程のモデルを以下に示す．

[1] 保安規程の記載事項

1. 自家用電気工作物を設置する者は，すべて保安規程を作成し，電気工作物の工事，維持又は運用が最初に行われるときまでに，その設置場所を管轄する経済産業局長に届け出なければならない．

   保安規程で定めなければならない内容は，以下に示すとおりである．

   ① 自家用電気工作物の工事，維持又は運用に関する業務を管理する者の職務および組織に関すること．
   ② 自家用電気工作物の工事，維持又は運用に従事する者に対する保安教育に関すること．
   ③ 自家用電気工作物の工事，維持および運用に関する保安のための巡視，点検および検査に関すること．
   ④ 自家用電気工作物の運転又は操作に関すること．
   ⑤ 発電所の運転を相当期間停止する場合における保全の方法に関すること．
   ⑥ 災害その他非常の場合に採るべき措置に関すること．
   ⑦ 自家用電気工作物の工事，維持および運用に関する保安についての記録に関すること．
   ⑧ 事業用電気工作物の法定自主検査に係る実施体制および記録の保存に関すること．
   ⑨ その他自家用電気工作物の工事，維持および運用に関する保安に関し必要な事項．

   保安規程のねらいは，自主的保安体制の確立にあり，それぞれの事業場の特性に合った保安管理が行われるようその内容を一律に決めなかったところにある．それはあくまでも自主的に各々の特殊性を考慮して定められるべきものである．

   なお，法定自主検査を実施しない組織は，上記⑧を保安規程に定める必要はない．

2. 保安規程の届出

新たに自家用電気工作物を設置する場合には，使用開始前（法定自主検査を伴うものにあってはその工事の開始前）に保安規程を産業保安監督部長等へ提出しなければならない．

また，保安規程の内容を変更した場合には，経済産業局長へ保安規程変更の届出を行わなければならない．

[2] 保安規程のモデル

小規模な事業場（受電電力 300 kW 以下）における保安規程のモデルを次に示す．

第1章　総　則

〔目　的〕

第1条　オーム産業株式会社（以下「当事業場」という．）における電気工作物の工事，維持および運用を確保するため，電気事業法（昭和39年法律第170号．以下「法」という．）第42条第1項の規定に基づき，この規程を定める．

〔法令および規程の遵守〕

第2条　当事業場の設置者および従業者は，電気関係法令およびこの規程を遵守するものとする．

〔細則の制定〕

第3条　この規程を実施するため必要と認められる場合には，別に細則を制定するものとする．

〔規程等の改正〕

第4条　この規程を改正または前条に定める細則の制定または改正にあたっては，主任技術者の参画のもとに立案し，これを決定するものとする．

第2章　保安業務の運営管理体制

〔保安業務の監督〕

第5条　電気工作物の工事，維持および運用に関する保安業務の執行は社長が総括管理し，主任技術者は別図○○のとおりに配置してその監督にあたらせるものとする．

第6条　主任技術者の保安監督の職務は次の事項について行うものとする．

（イ）電気工作物に係る保安教育に関すること
（ロ）電気工作物の工事に関すること
（ハ）電気工作物の保守に関すること
（ニ）電気工作物の運転操作に関すること
（ホ）電気工作物の災害対策に関すること
（ヘ）保安業務の記録に関すること
（ト）保安用器材および書類の整備に関すること
 2　主任技術者は，電気工作物の工事，維持および運用に関する保安の監督の職務を誠実に行わなければならない．

〔設置者の義務〕
第7条　電気工作物に係る保安上重要な事項を決定または実施しようとするときは，主任技術者の意見を求めるものとする．
 2　主任技術者の電気工作物に係る保安に関する意見を尊重するものとする．
 3　法令に基づいて所管官庁に提出する書類の内容が電気工作物に係る保安に関係のある場合には，主任技術者の参画のもとにこれを立案し，決定するものとする．
 4　所管官庁が法令に基づいて行う検査・審査には，主任技術者を立ち会わせるものとする．

〔従業者の義務〕
第8条　電気工作物の工事，維持または運用に従事する者は主任技術者がその保安のためにする指示に従わなければならない．

〔主任技術者不在時の措置〕
第9条　主任技術者が病気その他やむを得ない事情により不在となる場合に，その業務の代行を行う者（以下「代務者」という）をあらかじめ指名しておくものとする．
 2　代務者は，主任技術者の不在時には主任技術者に指示された職務を誠実に行わなければならない．

第3章　保安教育

〔保安教育〕
第10条　電気工作物の工事，維持または運用に従事する者に対し，事業場の実態に即した必要な知識および技能の教育を行うものとする．

〔保安に関する訓練〕
第11条　電気工作物の工事，維持または運用に従事する者に対し，災害その他電気事故が発生したときの措置について必要に応じ実地指導訓練を行うものとする．

第4章　工事の計画および実施

〔工事計画〕
第12条　電気工作物の工事計画を立案するにあたっては，主任技術者の意見を求めるものとする．
　2　主任技術者は電気工作物の安全な運用を確保するため，電気工作物の主要な修繕工事および改良工事（以下「保修工事」という）の計画を立案し社長の承認を求めなければならない．

〔工事の実施〕
第13条　電気工作物に関する工事の実施にあたっては，主任技術者の監督のもとにこれを実施するものとする．
　2　電気工作物に関する工事を他の者に請負わせる場合には，常に責任の所在を明確にし，完成した場合には主任技術者においてこれを検査し，保安上支障ないことを確認して引取るものとする．

第5章　保　守

〔巡視，点検，測定〕
第14条　電気工作物の保安のための巡視，点検および測定は別表○○に定める基準に従い，主任技術者において社長の承認を経て計画的に実施しなければならない．
第15条　巡視，点検または測定の結果，法令に定める技術基準に適合しない事項が判明したときには，当該電気工作物を修理し，改造し，移設し，またはその使用を一時停止し，もしくは制限する等の措置を講じ常に技術基準に適合するよう維持するものとする．

〔事故の再発防止〕
第16条　事故その他異常が発生した場合には，必要に応じて臨時に精密検査を行いその原因を究明し，再発防止に遺漏のないよう措置するものとする．

第6章　運転または操作

〔運転または操作等〕

第17条　主任技術者は，平常時および事故その他異常時における遮断器，開閉器，その他の機器の操作の順序および方法について定めておかなければならない．

2　前項の操作の順序，方法については，受電室その他必要な機器の設置箇所において見やすい場所に掲示しておかなければならない．

3　主任技術者もしくは代務者または従業者は，事故その他異常が発生した場合には，あらかじめ定められた事故の軽重の区分に従い所定の関係先に迅速に報告もしくは連絡し，または指示を受け適切な応急措置をとらなければならない．

4　前項の連絡もしくは報告すべき事項ならびに経路は受電室その他見やすい場所に掲示しておかなければならない．

5　受電用遮断器の操作にあたっては電気事業者と必要に応じて連絡するものとする．

第7章　災害対策

〔防災体制〕

第18条　非常災害時その他の災害にそなえて，電気工作物の保安を確保するために適切な措置をとることができるような体制を整備しておくものとする．

第19条　非常災害発生時において電気工作物に関する保安を確保するための指揮監督は主任技術者が行うものとする．

2　主任技術者は災害等の発生に伴い危険と認められる場所は，直ちに送電を停止することができるものとする．

第8章　記　録

第20条　電気工作物の工事，維持および運用に関する記録は別表○○の定めるところにより記録し，これを3年間保存しなければならない．

2　主要電気機器の保修記録は別に定める設備台帳により記録し，必要な期間保存しなければならない．

第 9 章　責任の分界

〔責任の分界点〕

第 21 条　電気事業者との保安上の責任分界点は，電力需要給契約書に基づく責任分界点とする．

〔需要設備の構内〕

第 22 条　当事業場の需要設備の構内は別図○○に示すとおりとする．

第 10 章　雑　則

〔危険の表示〕

第 23 条　主任技術者は，受電室その他高圧電気工作物が設置されている場所等であって，危険のおそれのあるところには，人の注意を喚起するよう表示を設けなければならない．

〔測定器具類の整備〕

第 24 条　主任技術者は，電気工作物の保安上必要とする測定器具類について整備し，これを適正に保管しなければならない．

〔設計図書類の整備〕

第 25 条　主任技術者は，電気工作物の新増設，改造等が行われた場合における設計図，仕様書，取扱い説明書等については必要な期間整備保存しなければならない．

〔手続書類等の整備〕

第 26 条　主任技術者は，関係官庁，電気事業者等に提出した書類および図，その他主要文書についてはその写しを必要な期間保存しなければならない．

附　則

この規程は，平成○○年○○月○○日から施行する．

■ 参考文献

■ 1章

1) オーム社 編：高圧受電設備等設計・施工要領，（株）オーム社（2002）
2) 産業調査会 編：建築電気設備要覧，（株）産業調査会（1996）
3) 日本電気協会 編：電気事業の現状，（一社）日本電気協会（2001）
4) 中島廣一 編著：実務に役立つ高圧受電設備の知識，（株）オーム社（2002）
5) 久間佐多男：新版 高圧受電設備結線図の見方・書き方，（株）オーム社（1990）
6) 東芝 編：ビル用受変電設備，（株）東芝（2000）
7) 東芝 編：自家用受変電システム，（株）東芝（1999）
8) 電気設備技術基準研究会 編：絵とき電気設備技術基準・解釈早わかり，（株）オーム社（2000）
9) 電気設備学会 編：電気設備の電路に関する基礎技術，（一社）電気設備学会（1998）
10) 草野英彦 編著：自家用電気設備実務マニュアル，（株）オーム社（1991）

■ 2章

1) 電気設備技術計算ハンドブック編集委員会 編：電気設備技術計算ハンドブック，（株）電気書院（1990）
2) 使用設備専門部会 編：高圧受電設備規程（JEAC 8011-2002），（一社）日本電気協会（2002）
3) 日本規格協会 編：JIS ハンドブック 20，47，56，（一財）日本規格協会（2002）
4) 日本内燃力発電設備協会 編：自家用発電設備専門技術者講習テキスト，（一社）日本内燃力発電設備協会（2002）
5) 中島廣一 編著：実務に役立つ高圧受電設備の知識，（株）オーム社（2002）
6) 草野英彦 編著：自家用電気設備実務マニュアル，（株）オーム社（1991）
7) 東芝 編：ビル用受変電設備，（株）東芝（2000）
8) 東芝 編：自家用受変電システム，（株）東芝（1999）

■ 3章

1) 使用設備専門部会 編：高圧受電設備規程（JEAC 8011-2008），（一社）日本電気協会（2008）
2) 内線規程専門部会 編：内線規程（JEAC 8001-2000），（一社）日本電気協会（2002）

3) 系統連系専門部会 編：系統連系規定(JEAC 9701-2012)，(一社)日本電気協会(2012)
4) 日本内燃力発電設備協会 編：自家用発電設備専門技術者講習テキスト，(一社)日本内燃力発電設備協会（2002）
5) 久間佐多男：高圧受電設備結線図の見方・書き方，(株)オーム社（1990）

■4章

1) 日本電機工業会電気製図技能検定研究会：国家検定のための電気製図テキスト，(株)電気書院（1979）
2) 関根泰次 監修：配電盤・制御盤ハンドブック，(株)電気書院（1979）

■5章

1) 久間佐多男：高圧受電設備結線図の見方・書き方，(株)オーム社（1990）
2) 電気学会 編：工場配電，(一社)電気学会（1989）
3) 使用設備専門部会 編：高圧受電設備規程（JEAC 8011-2002），(一社)日本電気協会（2002）
4) 日本電設工業協会技術委員会 編：防災設備に関する指針，(一社)日本電設工業協会（1996）

■6章

1) 日本電機工業会：JEM-TR 104　建設工事用受配電設備点検保守のチェックリスト，(一社)日本電機工業会（1999）
2) 使用設備専門部会 編：高圧受電設備規程（JEAC 8011-2002），(一社)日本電気協会（2002）
3) 関東経済産業局資源エネルギー部 監修：自家用電気工作物必携Ⅰ―法規手続編，文一総合出版（株）(2001)
4) 東京電気管理技術者協会：新版 電気管理技術者必携，(株)オーム社（1992）

Index

索　引

■■■ ア 行 ■■■

アクティブフィルタ ………………………… 106
油入遮断器 …………………………………… 8
油入変圧器 ……………………………… 10, 40
異電圧同時使用変圧器 ……………………… 108
インタロック ……………………………… 7, 60

■■■ カ 行 ■■■

開閉器 ………………………………………… 6
開閉器の種類 ………………………………… 6
回路符号 ……………………………………… 93
架空引込線 …………………………………… 58
確度階級 ………………………………… 44, 46
カスケード遮断方式 ………………………… 9
ガス遮断器 …………………………………… 8
ガスタービン ………………………………… 52
過電圧継電器 ………………………………… 23
過電流 ………………………………………… 9
過電流継電器 ………………………………… 23
過電流定数 …………………………………… 46
雷現象 ………………………………………… 14
貫通形 ………………………………………… 16
器具番号（デバイス番号） ………………… 94
逆潮流 ………………………………………… 69
ギャップレス避雷器 ………………………… 14
極性試験 ……………………………………… 134
区分開閉器 ……………………………… 28, 58
計画手順 ……………………………………… 3
計画フローチャート ………………………… 3
計　器 ………………………………………… 20
計器の誤差 …………………………………… 20
計器用変圧器（VT, EVT） ………… 16, 44, 80
計器用変成器 …………………………… 76, 83
系統連系 ………………………………… 68, 114
計量法 ………………………………………… 22
結　線 ………………………………………… 11
ケーブル符号 ………………………………… 94
建築基準法上の呼び方 ……………………… 112
原動機 ………………………………………… 52
限流特性 ………………………………… 18, 91
限流ヒューズ …………………………… 18, 35
高圧交流負荷開閉器（LBS） ……………… 32
高圧コンデンサ ……………………………… 88
高圧受電設備 ……………………………… 2, 4
高圧電磁接触器 ……………………………… 36
コージェネレーション ……………………… 26
公称放電電流 ………………………………… 43
高調波 ………………………………………… 105
高調波対策 …………………………………… 106
高調波発生次数 ……………………………… 106
高調波フィルタ ……………………………… 106
高電圧絶縁抵抗計 …………………………… 127
交流可変速用インバータ装置（VVVF） … 105
コンデンサ自動制御方式 …………………… 104

169

索　引

コンデンサの保護 ……………………… 88
コンデンサ容量 ………………………… 41
コンビネーション形 …………………… 19

■■■ **サ 行** ■■■

最大使用電圧 …………………………… 130
酸化亜鉛（ZnO） ……………………… 14
三相平衡状態 …………………………… 78
三相変圧器 ……………………………… 84
残留回路 ………………………………… 82

自家発電装置 …………………………… 51
自家用電気工作物 ……………………… 118
磁気遮断器 ……………………………… 8
試験用端子 …………………………… 76, 79
指示電気計器 …………………………… 21
自然エネルギー ………………………… 113
遮断器 ………………………………… 8, 30
受電設備の機能 ………………………… 2
受電設備容量 …………………………… 56
手動操作方式 …………………………… 7
受動フィルタ（パッシブフィルタ） …… 106
瞬時電圧低下 …………………………… 102
瞬時特性 ………………………………… 9
消防法上の呼び方 ……………………… 112
常用電源 ………………………………… 112
常用の電源 ……………………………… 112
真空遮断器 ……………………………… 8
進相コンデンサ …………………… 12, 41, 103

図記号 …………………………………… 4
ストライカ引外し装置 ………………… 63

制御器具番号 …………………………… 75

制御電源の分割 ………………………… 110
静電容量 ………………………………… 12
静電容量分圧 …………………………… 17
精密点検 ………………………………… 121
絶縁協調 ………………………………… 115
絶縁用防具 ……………………………… 122
絶縁用保護具 …………………………… 122
接　地 …………………………………… 124
接地形計器用変圧器 …………………… 17
接地工事 ………………………………… 70
設備不平衡率 …………………………… 63
線符号 …………………………………… 94

装置符号（ロケーション符号） ……… 93
送配電線 ………………………………… 2
束線番号（ケーブル符号） …………… 94
測定用補助極 …………………………… 125
続　流 …………………………………… 14

■■■ **タ 行** ■■■

太陽光発電 ……………………………… 26
太陽光発電設備 ………………………… 113
多相整流方式 …………………………… 105
タップ切換器 …………………………… 100
タップ電圧 ………………………… 40, 86
多頻度開閉 ……………………………… 19
端子記号 ………………………………… 93
単線接続図 ………………………… 4, 56
単相変圧器 ……………………………… 84
断路器 …………………………………… 6, 28

地中引込線 ……………………………… 59
中性極の動作構造 ……………………… 92
中性点電流制限抵抗 …………………… 81

170

索　引

直列リアクトル	12, 41
直列リアクトル容量	42
地絡過電流継電器	23
地絡方向継電器	23
地絡電流	16
低圧電磁接触器	19, 36
定格過電流	46
定格過電流強度	46
定格感度電流	49
ディーゼル機関	52
鉄　損	10
デバイス番号	94
電圧計	20
電圧計用切換スイッチ	78
電圧コイル	96
電圧降下	100
電圧調整装置	100
電圧電流補助継電器	94
電圧の区分	5
電圧フリッカ	101
電圧変動	100
展開接続図	93
電磁接触器	19
電動機の自己励磁現象	104
電流計	20
電流計用切換スイッチ	78
電流コイル	96
電力計	20
電力需給用計器用変成器	15
電力貯蔵	26
電力ヒューズ	18
電　路	6
等価逆相電流	105
銅　損	10
動灯変圧器	108
特性要素	14
突入電流	13
トップランナー変圧器	11
トランスデューサ（変換器）	20

■■■ ナ　行 ■■■

内燃機関	52
内接デルタ結線	108
日常（巡視）点検	120
二電力計法	90
熱動-電磁式過電流引外し機構	9
燃料電池	26, 113
能動フィルタ（アクティブフィルタ）	106

■■■ ハ　行 ■■■

配線用遮断器	9, 49, 97
バスタブ曲線	135
パッシブフィルタ	106
発電所	2
パワーコンディショナ（PCS）	113
反限時特性	9
非常電源	25, 112
非常電源の種類	66
非常用発電設備	25, 65
非常用発電設備の分類	52
非常用発電装置	111
非有効遮へい	115

索　引

ヒューズホルダ …………………………… 18
ヒューズリンク …………………………… 18
標準動作責務 ……………………………… 30
避雷器 ……………………………… 14, 43, 115
比率差動継電器 …………………………… 87

風力発電 …………………………………… 26
フェールセーフ ………………………… 109
負荷開閉器 ………………………………… 6
負荷時タップ切換装置 ………………… 100
負荷分担曲線 …………………………… 108
不足電圧継電器 ………………………… 23
不等率 …………………………………… 107
フローチャート ………………………… 3
分散電源 ………………………………… 113

変圧器 ……………………………… 10, 39, 84
変圧器の温度警報装置 ………………… 108
変圧器の定格容量 ……………………… 11
変圧器のタップ ………………………… 100
変換器 ……………………………………… 20
変流器（CT） ……………………… 16, 82, 85
変流器選定 ……………………………… 45

保安規程 ………………………………… 119
保安上の責任分界点 …………………… 56
防災設備 ………………………………… 112
防災電源 ………………………………… 112
防災負荷 ………………………………… 111
放電ギャップ …………………………… 14
放電コイル ……………………………… 66
放電抵抗 ………………………………… 89
放電電流 ………………………………… 115
保護協調 ……………………………… 23, 48

保護継電器 …………………………… 23, 47

■■■ マ 行 ■■■

巻線形 …………………………………… 16

無効電力 ………………………………… 13
無効電力制御 …………………………… 104
無効電力補償装置 ……………………… 100
無停電切換 ……………………………… 111
無停電電源装置（UPS） ……………… 102
無電圧タップ切換装置 ………………… 100

文字記号 ………………………………… 75
モールド変圧器 ……………………… 10, 40

■■■ ヤ 行 ■■■

有効遮へい ……………………………… 115
有効電力 ………………………………… 13

溶断表示 ………………………………… 86
予備電源 …………………………… 25, 112
予防保全（PM） ………………………… 110

■■■ ラ 行 ■■■

雷雨発生日数（IKL） …………………… 115
雷害危険度種別 ………………………… 115

リアクトルの保護 ……………………… 88
力率改善 …………………………… 12, 103
力率計 …………………………………… 20
力率料金制度 …………………………… 103
理論発生量 ……………………………… 106
臨時点検 ………………………………… 120

索　引

零相基準入力装置 …………………………… 80
零相変流器（ZCT）………………………… 16, 82

漏電遮断器 ………………………………… 9, 49, 91
ロケーション符号 …………………………… 93

■■■ **英数字** ■■■

2次負担 …………………………………… 44, 45

3線接続図 …………………………………… 74

a接点 ………………………………………… 94
A種接地 ……………………………………… 84

b接点 ………………………………………… 94
B種接地 ……………………………………… 84

CT …………………………………………… 82
CWD方式 …………………………………… 93
c接点 ………………………………………… 94

ECWD方式 ………………………………… 93
EVT ………………………………………… 80
EWD方式 …………………………………… 93

IKL ………………………………………… 115

LBS ………………………………………… 32

PCS ………………………………………… 113
PM（予防保全）…………………………… 110

SI単位 ……………………………………… 53

UPS ………………………………………… 102

VT …………………………………………… 80
VVVF ……………………………………… 105

ZCT ………………………………………… 82

- 本書の内容に関する質問は，オーム社書籍編集局「(書名を明記)」係宛に，書状または FAX (03-3293-2824)，E-mail (shoseki@ohmsha.co.jp) にてお願いします．お受けできる質問は本書で紹介した内容に限らせていただきます．なお，電話での質問にはお答えできませんので，あらかじめご了承ください．
- 万一，落丁・乱丁の場合は，送料当社負担でお取替えいたします．当社販売課宛にお送りください．
- 本書の一部の複写複製を希望される場合は，本書扉裏を参照してください．

JCOPY ＜(社)出版者著作権管理機構 委託出版物＞

見方・かき方 高圧受電設備接続図
(改訂2版)

平成15年 3月25日	第 1 版第1刷発行
平成27年 2月25日	改訂2版第1刷発行
平成30年10月30日	改訂2版第5刷発行

編 著 者　福田真一郎
発 行 者　村 上 和 夫
発 行 所　株式会社オーム社
　　　　　郵便番号　101-8460
　　　　　東京都千代田区神田錦町3-1
　　　　　電 話　03(3233)0641(代表)
　　　　　URL　https://www.ohmsha.co.jp/

© 福田真一郎 2015

印刷　三美印刷　製本　協栄製本
ISBN978-4-274-21709-8　Printed in Japan

オーム社の好評既刊

電気管理技術者必携 第8版

公益社団法人
東京電気管理技術者協会 編

- A5判／560頁
- 定価（本体5700円【税別】）

最新の法規・規程に準拠！

1985年初版発行以来、第8版目となる電気管理技術者を対象とした自家用電気設備の保安確保のための必携書。技術内容の進歩も盛り込んだ最新の内容となっている。電気系実務技術者の信頼と要望に広く応える一冊。

主要目次

1章	電気工作物の保安管理
2章	自家用電気設備の設備計画とチェックポイント
3章	保護協調と絶縁協調
4章	工事に関する保安の監督のポイント
5章	点検・試験及び測定
6章	電気設備の障害波対策と劣化対策
7章	安全と事故対策
8章	電気使用合理化と再生可能エネルギーによる発電
9章	官庁等手続き
10章	関係法令及び規程・規格類の概要
付録	

もっと詳しい情報をお届けできます。
◎書店に商品がない場合または直接ご注文の場合は右記宛にご連絡ください。

ホームページ http://www.ohmsha.co.jp/
TEL／FAX TEL.03-3233-0643　FAX.03-3233-3440

（定価は変更される場合があります）

A-1408-129